21世纪高等学校计算机规划教材

21st Century University Planned Textbooks of Computer Science

大学计算机基础实践教程（第2版）

Practical Course of College Computer Basis
(2nd Edition)

孟雪梅 王凤琴 主编

董大伟 孙晓茹 付欣 宫婷 副主编

高校系列

人民邮电出版社

北 京

图书在版编目（CIP）数据

大学计算机基础实践教程 / 孟雪梅，王凤琴主编
. -- 2版. -- 北京：人民邮电出版社，2014.10（2022.7重印）
21世纪高等学校计算机规划教材. 高校系列
ISBN 978-7-115-36910-9

Ⅰ. ①大… Ⅱ. ①孟… ②王… Ⅲ. ①电子计算机—
高等学校—教材 Ⅳ. ①TP3

中国版本图书馆CIP数据核字(2014)第199328号

内 容 提 要

本书是《大学计算机基础（第 2 版）》（叶强生主编，人民邮电出版社出版）配套的实践教学用书，主要内容包括 Windows 7 操作系统基本操作、Windows 7 资源管理、Internet 的简单应用、Word 2010 文档的编辑及格式设置、Word 2010 编辑长篇幅文档的结构、Word 2010 表格的创建与编辑、Word 2010 图文混合排版、WPS 2010 文字处理的基本操作、Word 2010 综合测试、Excel 2010 基本操作、Excel 2010 公式和函数的使用、Excel 2010 数据管理与图表制作、WPS 2010 电子表格的应用、Excel 2010 综合测试、PowerPoint 2010 演示文稿的创建、PowerPoint 2010 演示文稿的基本编辑、PowerPoint 2010 演示文稿的动画设计及放映、WPS 2010 演示文稿的制作与应用、PowerPoint 2010 综合测试、Photoshop CS6 图像处理的基本操作、Photoshop CS6 图像处理的综合实例等内容。

本书既可作为大专院校计算机应用基础课程的辅助教材，也可以作为各类高等学校非计算机专业计算机基础课程教材的配套实验指导书或自学参考书。

◆ 主　　编　孟雪梅　王凤琴
　　副 主 编　董大伟　孙晓茹　付　欣　宫　婷
　　责任编辑　武恩玉
　　责任印制　彭志环　焦志炜
◆ 人民邮电出版社出版发行　　北京市丰台区成寿寺路 11 号
　　邮编　100164　电子邮件　315@ptpress.com.cn
　　网址　http://www.ptpress.com.cn
　　固安县铭成印刷有限公司印刷
◆ 开本：787×1092　1/16
　　印张：20.25　　　　　　　2014 年 10 月第 2 版
　　字数：536 千字　　　　　2022 年 7 月河北第 9 次印刷

定价：43.00 元
读者服务热线：(010)81055256　印装质量热线：(010)81055316
反盗版热线：(010)81055315

前 言

本书编者根据教育部计算机基础教学指导委员会《关于进一步加强高等学校计算机基础教学的意见》和《高等学校非计算机专业计算机基础课程教学基本要求》，结合《中国高等院校计算机基础教育课程体系》报告，配合高校计算机公共基础课程教学改革的需要，特组织编写了《大学计算机基础实践教程（第 2 版）》一书，其内容丰富、系统、完整，凝聚了编者多年的实践教学经验和智慧。

本书是与《大学计算机基础教程（第 2 版）》（叶强生主编，人民邮电出版社）教材配套使用的实践教学指导书。本书以计算机应用基础知识和基本技能为主线，以培养学生实践能力为宗旨，以任务驱动为教学模式，以增强学生应用能力为目的，将 Windows 7 的操作、Internet 的简单应用、Microsoft Office 2010 办公软件应用和 Photoshop CS6 图像处理等内容有机地融合为一体，形成一个完整的非计算机专业的计算机基础实践教程。

由于大部分本科院校的计算机基础实践课程的学时均设置在 36 学时左右，本书将 36 学时分配在 18 个课内实验中，每个实验用相应的典型案例把相关的知识点联贯起来，使学生在实验的操作练习中理解和掌握相关知识。每个任务案例都有详细的文字和图片的说明步骤，便于教师讲解和学生自学。每一个实验后又安排了相应能力测试练习题，用于强化所学知识。另外在书中还附加了针对 WPS Office 2010 基本操作的课外实验，使学生在掌握 Microsoft Office 2010 办公软件应用技巧的基础上，了解 WPS Office 2010 的基本操作方法。

本书由孟雪梅、王凤琴任主编，董大伟、孙晓茹、付欣、宫婷任副主编。实验 1、实验 2、实验 3、*实验 8 由孟雪梅编写；实验 4、实验 5、实验 6、实验 7 由孙晓茹编写；实验 10、实验 11、实验 12、*实验 13 由董大伟编写；实验 15、实验 16、实验 17、*实验 18、实验 19 由付欣编写，实验 9、实验 14、实验 20、实验 21 由宫婷编写。叶强生对本书的编写给出了具体的指导性建议。全书由孟雪梅统稿，王凤琴审阅。

由于时间仓促和水平有限，书中难免有错误和不妥之处，恳请读者批评指正。

目　录

实验 1
Windows 7 操作系统基本操作

一、预备知识

1. 初识 Windows 7 操作系统

Windows 7 是由微软公司（Microsoft）开发的操作系统，核心版本号为 Windows NT 6.1。Windows 7 可供家庭及商业工作环境、笔记本计算机、平板计算机、多媒体中心等使用。Windows 7 操作系统继承部分 Vista 特性，在加强系统的安全性、稳定性的同时，重新对性能组件进行了完善和优化，部分功能、操作方式也回归质朴，在满足用户娱乐、工作、网络生活中的不同需要等方面达到了一个新的高度。特别是在科技创新方面，实现了上千处新功能和改变，Windows 7 操作系统成为了微软产品中的巅峰之作。

2. Windows 7 操作系统的新特性

Windows 7 具有以往 Windows 操作系统所不可比拟的新特性，它可以给用户带来不一般的全新体验。

（1）全新的任务栏。Windows 7 系统全新设计的任务栏，可以将来自同一个程序的多个窗口集中在一起并使用同一个图标来显示，让有限的任务栏空间发挥更大的作用。

（2）全新的库。库是 Windows 7 众多新特性中的一项。所谓库，就是指一个专用的虚拟文件管理集合，用户可以将硬盘中不同位置的文件夹添加到库中，并在库这个统一的视图中浏览和修改不同文件夹的文档内容。

（3）窗口的智能缩放功能。在 Windows 7 中加入了窗口的智能缩放功能，当用户使用鼠标将窗口拖动到显示器的边缘时，窗口即可最大化或平行排列。使用鼠标拖动并轻轻晃动窗口，即可隐藏当前不活动窗口，使繁杂的桌面立刻变得简单舒适。

（4）桌面幻灯片播放功能。Windows 7 桌面支持幻灯片壁纸播放功能，打开【控制面板】中的【更改桌面背景】窗口，然后选中多幅背景图片，并设置图片的播放时间间隔，即可将桌面多幅图片进行幻灯片播放。

（5）更新的操作中心。Windows 7 去掉了以前操作系统里的【安全中心】，取而代之的是【操作中心】（Action Center）。【操作中心】除了有【安全中心】的功能外，还有系统维护信息、计算机问题诊断等使用信息。

（6）全新字体管理器。在 Windows 7 操作系统中由【字体管理器】窗口取代了以前的【添加字体】对话框，用户可以在【字体管理器】窗口中选择适合的字体进行设置。

（7）自定义通知区域图标。在 Windows 7 操作系统中，用户可以通过通知区域的图标进行自由管理。可以将一些不常用的图标隐藏起来，通过简单拖动来改变图标的位置，还可以打开【通知区域图标】窗口，通过设置面板对所有的图标进行集中管理。

3. Windows 7 的启动和退出

（1）Windows 7 的启动。用户只有在启动 Windows 7 后，才能进行办公和上网等操作。启动 Windows 7 系统前，首先应确保在通电的情况下将计算机主机和显示器接通电源，然后按下主机箱上的 Power 按钮，启动计算机。在计算机启动过程中，BIOS 系统会进行自检并进入 Windows 7 操作系统。如果 Windows 7 系统设置有密码，则需要输入密码后按 Enter 键，稍后即可进入 Windows 7 系统桌面。

（2）Windows 7 的退出。当用户不再使用 Windows 7 时，应当及时退出 Windows 7 操作系统，执行退出命令前，应先关闭所有的应用程序，以免数据的丢失。

4. Windows 7 桌面

桌面就是当前用户登录到操作系统后看到的屏幕区域，当用户打开文件或程序时，相应的文件或程序将自动呈现在桌面上。用户可以根据需求将一些项目（如文件或快捷方式图标等）放置在桌面上，并按照自己的喜好排列它们的顺序。

桌面由背景、桌面图标、边栏、任务栏和语言栏组成，其中任务栏又包括【开始】菜单按钮、快速启动栏和通知区域等，如图 1-1 所示。

图 1-1　Windows 7 桌面

（1）桌面背景。图 1-1 所示的桌面背景是 Windows 7 默认的背景，用户可以根据自己的喜好选择其他图像作为桌面背景。

（2）桌面图标。桌面图标分为系统图标、快捷图标、文件夹和文件图标。每个图标都由图案和名称两部分组成，双击相应的图标即可快速打开对应的应用程序、文件夹或文件，因此这些图标也称为桌面快捷方式，用户可以根据需要进行设置。

① 系统图标。桌面上的【计算机】、【回收站】和【控制面板】等为系统图标。

② 快捷图标。快捷图标通常是用户自己创建或在安装某些程序时由程序自动创建的图标，其左下角通常有一个小箭头标识。

③ 文件夹和文件图标。文件夹和文件图标是为文件夹和文件所对应的图标。双击文件夹图标即可打开对应的文件夹。双击文件图标将启用相应的应用程序，打开该文件，用户可以对其进行处理。

（3）边栏。边栏是 Windows 7 的一大特色，在系统默认状态下是关闭的，用户可以自行根据需要添加桌面小工具。这些小工具可以提供即时信息以及可轻松访问常用工具等，例如可以使用工具显示图片幻灯片、查看时间和天气情况。

（4）任务栏。在 Windows 7 中，任务栏默认状态下处于桌面的最下方，由【开始】菜单按钮、快速启动栏、任务按钮区和通知区域组成。

① 【开始】菜单按钮。【开始】菜单按钮位于桌面左下角,单击【开始】菜单按钮将弹出【开始】菜单,从中选择相应的菜单命令可启动对应的应用程序。

② 快速启动栏。快速启动栏位于【开始】菜单按钮右侧,单击其中的某个图标,可以快速启动相应的程序。

③ 任务按钮区。打开一个窗口或启动某个程序时,任务按钮区将显示一个任务按钮,当鼠标指针移到其图标上时将显示该窗口的标题,单击相应的任务按钮即可切换到对应的程序窗口中;若单击标题栏右侧的关闭按钮,可以将该窗口或程序直接关闭。

④ 通知区域。通知区域包括【时钟图标】、【扬声器】、【快速显示桌面】和【操作中心】等图标,以及一些运行的程序图标。

(5)语言栏。语言栏通常合并在任务栏中,单击语言栏的图标可以打开输入法菜单,选择相应的输入法即可使用该输入法进行文本的输入。将鼠标指针移动到语言栏拖动按钮上,按住鼠标左键并拖曳,至合适位置后释放鼠标即可将语言栏移动到桌面任何位置。

5. Windows 7 的窗口

在使用 Windows 7 时,最频繁的操作就是使用各种窗口,要想使用各种窗口,必须了解窗口的组成。图 1-2 所示为【计算机】窗口。其窗口主要由标题栏、地址栏、菜单栏、工具栏、任务窗格、状态栏和工作区组成。

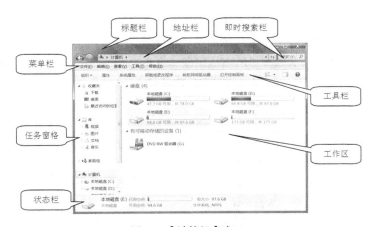

图 1-2　【计算机】窗口

(1)标题栏。标题栏位于窗口顶部,右边有控制窗口大小和关闭窗口的按钮。

(2)地址栏。地址栏用于显示当前所在文件夹路径,主要由带链接的图标组成,单击相应的图标即可打开对应文件夹。在地址栏中单击右侧的下拉按钮,在弹出的下拉列表中选择历史记录地址,可以快速打开以前访问过的文件夹。

(3)菜单栏。菜单栏位于地址栏的下方,由多个菜单项组成,在菜单项下有若干菜单命令。

(4)工具栏。工具栏中列出了常用的命令,并将这些命令以按钮的形式显示,单击这些按钮或按钮旁边的下拉按钮即弹出下拉菜单,可在其下拉菜单中单击相应的命令执行对应操作。

(5)工作区。工作区用于显示操作对象,方便用户操作,如在【计算机】窗口中双击磁盘图标即可打开对应的磁盘。

(6)任务窗格。任务窗格包括【收藏夹】链接栏、【库】栏、【计算机】栏和【网格】栏。

（7）状态栏。位于窗口最下方，常用于显示提示信息和当前工作状态，如在【计算机】窗口的状态栏中显示了磁盘名称及其容量和使用情况等硬件信息。

6．Windows 7 的对话框

对话框其实是窗口的一种特殊形式，它可以通过选择相应的选项来执行任务或者通过输入一些文本以提供信息。对话框主要由选项卡、复选框、单选按钮、按钮等组成，如图 1-3 所示。

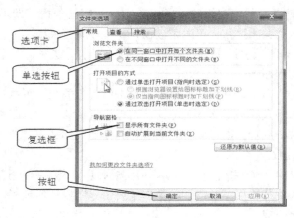

图 1-3　对话框

（1）选项卡。如图 1-3 所示的【常规】、【查看】和【搜索】即为选项卡，单击某个选项卡则会在其下方展开相应的选项，即可对具体的属性进行设置。

（2）复选框。在同一选项区中可同时选中多项复选框。

（3）单选按钮。在选项区中的单选按钮中只能选择其中一项，而复选框则可选择多项或全部。

（4）按钮。有弹起或凹凸状态的方框叫按钮。单击相应的按钮后，系统将自动执行对应的操作。

7．管理用户账户

Windows 7 是一个多用户、多任务的操作系统，该系统允许每个使用计算机的用户建立自己的专用工作环境。每个用户都可以建立个人账户，并设置密码登录，保护自己的信息安全。

（1）Windows 7 账户类型。Windows 7 的用户账户有以下 3 种类型。

① 管理员账户：计算机的管理员账户拥有对全系统的控制权，能改变系统设置，可以安装和删除程序，能访问计算机上所有的文件。除此之外，它还拥有控制其他用户的权限。Windows 7 中至少要有一个计算机管理员账户。在只有一个计算机管理员账户的情况下，该账户不能将自己改成受限制账户。

② 标准用户账户：标准用户账户是受到一定限制的账户。在系统中可以创建多个此类账户，也可以改变其账户类型。该账户可以访问已经安装在计算机上的程序，可以设置自己账户图片、密码等，但无权更改大多数计算机的设置。

③ 来宾账户：来宾账户是给那些在计算机上没有用户账户的人使用，只是一个临时账户，主要用于远程登录的网上用户访问计算机系统。来宾账户仅有最低的权限，没有密码，无法对系统做任何修改，只能查看计算机中的资料。

（2）创建新账户。用户在安装完 Windows 7 系统后，第一次启动时系统自动建立的用户账户是管理员账户，在管理员账户下，用户可以创建新的用户账户。

（3）更改用户账户设置。成功创建新账户以后，用户可以根据实际应用和操作来更改账户的类型，以改变该用户账户的操作权限。账户类型确定以后，也可以修改其头像图片并设置密码。

（4）删除用户账户。用户可以删除多余的账户。但是在删除账户之前，必须先登录到具有【管理员】权限的账户，并且所要删除的账户并不是当前的登录账户才能删除。

二、实验目的

（1）掌握 Windows 7 系统启动及退出的方法。
（2）重点掌握 Windows 7 的个性化设置方法。
（3）重点掌握 Windows 7 窗口的基本操作。
（4）熟练掌握 Windows 7 小工具的使用方法。
（5）熟练掌握 Windows 7 用户账户的管理方法。

三、实验内容及步骤

【实验 1.1】Windows 7 系统的启动和退出

【实验内容】

（1）Windows 7 系统的启动。
（2）Windows 7 系统的退出。

【实验步骤】

1. Windows 7 系统的启动
（1）打开显示器的电源开关。
（2）按下计算机主机的电源开关（开机键）后，等待系统自动启动。
（3）此时显示器上将快速显示开机信息，并完成自检，按照提示输入安装时设置的密码。若系统中设置了多个账户，这时用户就需要选择相应的账户来登录了。图 1-4 所示为 Windows 7 用户登录界面。
（4）用户输入密码后，按 Enter 键，系统即可自动登录，进入 Windows 7 操作系统桌面，如图 1-5 所示。

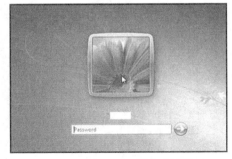

图 1-4　Windows 7 用户登录界面

图 1-5　Windows 7 操作系统桌面

2. Windows 7 系统的退出
（1）在退出 Windows 7 系统前，要关闭所有打开的窗口及正在运行的程序。
（2）单击【开始】菜单按钮，在弹出的【开始】菜单的右下角，单击【关机】按钮，如图

1-6 所示。

（3）数秒后 Windows 7 操作系统退出，计算机电源关闭，指示灯熄灭。

（4）显示器屏幕无显示，然后手动关闭显示器电源开关，并同时关闭计算机外接电源开关。

 在【关机】按钮右边有一个小三角按钮，单击小三角按钮将弹出一组菜单命令，如图 1-7 所示，主要包括切换用户、注销、锁定、重新启动、睡眠和休眠。选择弹出菜单中的相应命令即可完成相对应的操作。

图 1-6　【开始】菜单【关机】按钮

图 1-7　【关机】按钮下一级菜单

【实验 1.2】Windows 7 的个性化设置

【实验内容】

（1）个性化桌面图标。

（2）个性化桌面背景。

（3）个性化桌面显示属性。

（4）个性化【开始】菜单。

（5）个性化【任务栏】。

【实验步骤】

1. 个性化桌面图标

（1）添加桌面图标。向桌面上添加【用户的文件】图标。

① 在桌面空白处单击鼠标右键，弹出快捷菜单如图 1-8 所示。

② 在快捷菜单中选择【个性化】选项，打开【个性化】窗口，如图 1-9 所示。

图 1-8　选择【个性化】选项

图 1-9　【个性化】窗口

③ 在【个性化】窗口的左侧单击【更改桌面图标】超链接，打开【桌面图标设置】对话框，在【桌面图标】选项区中，选中【用户的文件】复选框，如图 1-10 所示。

④ 设置完成后，依次单击【应用】和【确定】按钮，则【用户的文件】图标将显示在桌面上，如图 1-11 所示，系统会自动将该图标的名称设置成登录账户的名称。

图 1-10　【桌面图标设置】对话框

图 1-11　添加后的桌面图标

（2）排列桌面图标。将桌面上的图标按【名称】排序。

在 Windows 7 中，用户可以将桌面图标按【名称】、【大小】、【项目类型】或【修改时间】排序。

① 在桌面空白处单击鼠标右键，弹出快捷菜单，把鼠标移至【排序方式】选项，则会弹出下一级菜单，如图 1-12 所示。

② 在【排序方式】选项的下一级菜单中选择【名称】选项，即可将桌面图标按【名称】重新排序，如图 1-13 所示。

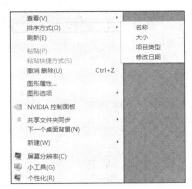
图 1-12　【排序方式】菜单

图 1-13　排序后的桌面图标

（3）更改桌面图标。将桌面上的【计算机】图标改成 🖥，名称改成【我的电脑】。

① 在桌面的空白处单击鼠标右键，在弹出的快捷菜单中选择【个性化】选项，在弹出的【个性化】窗口中单击【更改桌面图标】超链接。

② 在打开的【桌面图标设置】对话框中，选中要更改的图标，再单击【更改图标】按钮，如图 1-14 所示。

③ 弹出【更改图标】对话框，选中要更改的【计算机】的图标 🖥，单击【确定】按钮，如图 1-15 所示。

图 1-14 【桌面图标设置】对话框

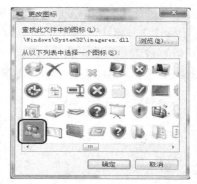
图 1-15 【更改图标】对话框

④ 执行上述操作后即可返回【桌面图标设置】对话框，依次单击【应用】和【确定】按钮即可，更改后的桌面图标如图 1-16 所示。

⑤ 在桌面的【计算机】图标上单击鼠标右键，在弹出快捷菜单中选择【重命名】命令，如图 1-17 所示。

⑥ 将图标名称【计算机】更改为【我的电脑】，如图 1-18 所示。

图 1-16 更改后的桌面图标

图 1-17 选择【重命名】命令

图 1-18 改名后的桌面图标

（4）删除桌面图标。删除桌面上【用户的文件】的图标（即 mxm 图标）。

① 在桌面上选择【用户的文件】的图标，单击鼠标右键，在弹出的快捷菜单中选择【删除】选项，如图 1-19 所示。

② 在弹出的【确认删除】提示信息框中，单击【是】按钮，如图 1-20 所示，即可将所选图标从桌面上删除。

图 1-19 选择删除图标

图 1-20 【确认删除】对话框

2．个性化桌面背景

将桌面背景设置成图 1-21 所示的企鹅图片，图片显示方式设置成【拉伸】。

图 1-21　桌面背景

（1）在桌面的空白区域单击鼠标右键，在弹出的快捷菜单中选择【个性化】选项。

（2）在弹出的【个性化】窗口中，单击【桌面背景】超链接，如图 1-22 所示。

（3）打开【桌面背景】窗口，在【图片位置（L）:】下拉列表中选择【顶级照片】选项，打开图片库，选择图 1-23 所示的企鹅图片。

图 1-22　【个性化】窗口

图 1-23　选择图片

（4）单击【图片位置（P）:】下方的下拉按钮，则弹出图 1-24 所示图片显示方式列表，选择【拉伸】显示方式，最后单击【保存修改】按钮，返回【个性化】窗口。

（5）关闭【个性化】窗口，完成桌面背景的设置。

图 1-24　图片显示方式

3. 个性化桌面显示属性

（1）设置桌面主题。将桌面主题设置成【中国】风格的【Aero 主题】。

主题是计算机上的图片、颜色和声音的组合。Windows 7 操作系统为用户提供了多种风格的桌面主题，共分为【Aero 主题】和【基本和高对比度主题】两大类。其中【Aero 主题】可为用户提供高品质的视觉体验，它独有的 3D 渲染和半透明效果，可以使桌面看起来更加美观流畅。

① 打开【个性化】窗口，选择【Aero 主题】选项区域的【中国】选项，即可更换桌面主题，如图 1-25 所示。

图 1-25 选择【中国】主题

② 桌面主题设置成功之后，在桌面上单击鼠标右键，弹出快捷菜单，选择【下一个桌面背景】命令，即可更换该主题系列中的桌面背景，如图 1-26 所示。

图 1-26 更换桌面背景

（2）设置颜色和外观。将窗口颜色设置成【黄昏】样式。

① 打开【个性化】窗口，单击【窗口颜色】超链接，如图 1-27 所示。

图 1-27 选择【窗口颜色】超链接

② 打开【窗口颜色】窗口，选择【黄昏】样式，如图 1-28 所示，单击【保存修改】，返回

【个性化】窗口。

　　③ 关闭【个性化】窗口完成设置。

图 1-28　选择【黄昏】样式

　　（3）设置屏幕保护程序。将屏幕保护程序设置为【彩带】，等待 10 分钟，在恢复时显示登录界面。

　　① 打开【个性化】窗口，单击【屏幕保护程序】超链接，如图 1-29 所示。

　　② 弹出【屏幕保护程序设置】对话框，在【屏幕保护程序】下拉列表框中选择【彩带】选项，如图 1-30 所示。

　　③ 在【等待】数值框中输入 10，选中【在恢复时显示登录界面】复选框，设置完成后，依次单击【应用】和【确定】按钮。

　　④ 不执行任何操作，等待 10 分钟后，屏幕保护程序将自动启动。

图 1-29　选择【屏幕保护程序】超链接

图 1-30　【屏幕保护程序设置】对话框

4．个性化【开始】菜单

（1）自定义【开始】菜单。

① 在【开始】菜单上单击鼠标右键，弹出快捷菜单，选择【属性】选项，如图 1-31 所示。

图 1-31　选择【属性】选项

② 打开【任务栏和「开始」菜单属性】对话框，在「开始」菜单选项卡里，单击【自定义】按钮，如图 1-32 所示。

③ 在弹出的【自定义「开始」菜单】对话框中进行个性化设置，如图 1-33 所示。

图 1-32　【任务栏和「开始」菜单属性】对话框

图 1-33　【自定义「开始」菜单】对话框

④ 设置完成后单击【确定】按钮返回至【任务栏和「开始」菜单属性】对话框，依次单击【应用】和【确定】按钮，关闭对话框，完成自定义设置。

（2）个性化【固有程序】列表。将桌面上的【腾讯 QQ】快捷图标固定到【开始】菜单中。

① 在桌面上的【腾讯 QQ】快捷图标上单击鼠标右键，在弹出的快捷菜单中选择【附到「开始」菜单】选项，如图 1-34 所示。

② 单击【开始】菜单按钮，在弹出的【开始】菜单中即可看到【腾讯 QQ】程序图标出现在【固有程序】列表中，如图 1-35 所示。

图 1-34　选择【附到「开始」菜单】

图 1-35　添加【腾讯 QQ】图标后的【开始】菜单

若要将程序图标从【开始】菜单的【固有程序】列表中删除，则单击【开始】菜单按钮，打开【开始】菜单，在要删除的程序图标上单击鼠标右键，从弹出的快捷菜单中选择【从列表中删除】选项即可将该程序从列表中清除。

（3）个性化【常用程序】列表。将最近打开过的程序显示在【开始】菜单的【常用程序】列表中。

① 在【开始】菜单按钮上单击鼠标右键，弹出快捷菜单，选择【属性】选项。

② 打开【任务栏和「开始」菜单属性】对话框，选中【存储并显示最近在「开始」菜单中打开的程序】复选框，如图 1-36 所示。

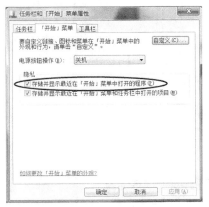

图 1-36　【任务栏和「开始」菜单属性】对话框

③ 依次单击【应用】和【确定】按钮完成设置。

5. 个性化【任务栏】

（1）调整【任务栏】的位置。将【任务栏】调整到屏幕的右侧，并设置为自动隐藏。

若要调整【任务栏】的位置，需要先解除【任务栏】的锁定状态。

① 打开【任务栏和「开始」菜单属性】对话框，在【任务栏】选项卡里首先取消选中【锁定任务栏】复选框，然后在【屏幕上的任务栏位置】下拉列表框内选择【右侧】选项，单击【确定】按钮，如图 1-37 所示。

② 设置后【任务栏】在桌面右侧的效果如图 1-38 所示。

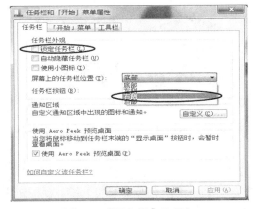

图 1-37　【任务栏】选项卡

图 1-38　调整后的任务栏

③ 打开【任务栏和「开始」菜单属性】对话框，在【任务栏】选项卡里选中【自动隐藏任务栏】复选框，单击【确定】按钮，即可将【任务栏】隐藏起来。若要显示【任务栏】，只需将鼠标移动至原【任务栏】所处位置，【任务栏】则自动显示出来，当鼠标光标离开时，【任务栏】又自动隐藏。

（2）设置快速启动栏。取消【任务栏】的自动隐藏，将其从屏幕的右侧移回到屏幕的底部，并将【附件】中的【截图工具】图标添加到【任务栏】的【快速启动栏】中。

① 若要取消【任务栏】的自动隐藏状态并将其从屏幕的右侧移回到屏幕的底部，只需打开【任务栏和「开始」菜单属性】对话框，在【任务栏】选项卡里取消选中【自动隐藏任务栏】复选框，然后在【屏幕上的任务栏位置】下拉列表框内选择【底部】选项，单击【确定】按钮即可，如图 1-39 所示。

② 打开【开始】菜单，选择【所有程序】中的【附件】选项，打开【附件】的下一级菜单，从中选择【截图工具】图标，将其拖曳到【任务栏】的【快速启动栏】中，即可将【截图工具】图标添加到【快速启动栏】，如图 1-40 所示。

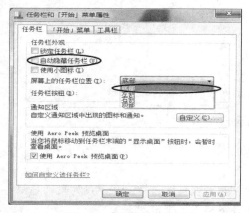

图 1-39　【任务栏】选项卡　　　　　图 1-40　拖曳【截图工具】图标到【快速启动栏】

③ 将【截图工具】图标添加到【快速启动栏】后的效果如图 1-41 所示。

若想将【快速启动栏】中的程序图标删除，只需在该图标上单击鼠标右键，在弹出的快捷菜单中选择【将此程序从任务栏解锁】即可，如图 1-42 所示。

图 1-41　添加图标后的【快速启动栏】　　　　图 1-42　删除【快速启动栏】中的程序图标

（3）设置【任务栏】中相似按钮显示方式。将【任务栏】中按钮显示方式设置为【当任务栏被占满时合并】。

① 在【任务栏】空白处单击鼠标右键，在弹出的快捷菜单中选择【属性】命令。

② 打开【任务栏和「开始」菜单属性】对话框，在【任务栏】选项卡的【任务栏按钮】下拉菜单中选择【当任务栏被占满时合并】选项，单击【确定】按钮完成设置，如图 1-43 所示。此

时在【任务栏】中相似的程序按钮在【任务栏】被占满时会自动合并。

图 1-43　【任务栏和「开始」菜单属性】对话框

（4）设置【通知区域】图标。将【通知区域】所有的系统图标关闭，并将后台运行的程序图标显示在通知区域。

① 在【通知区域】空白处单击鼠标右键，弹出快捷菜单，选择【属性】选项，打开【系统图标】窗口，在【行为】列中关闭所有的选项，单击【自定义通知图标】超链接，如图 1-44 所示。

② 在打开的【通知区域图标】窗口中，在【行为】列中将所有选项设置成【显示图标和通知】，如图 1-45 所示。

③ 单击【确定】按钮，返回【系统图标】窗口，再次单击【确定】按钮即可完成设置。

图 1-44　【系统图标】窗口

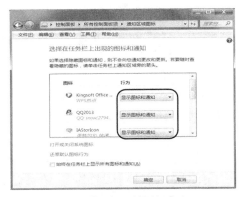

图 1-45　【通知区域图标】窗口

（5）设置系统日期和时间。将系统的日期调整为【2014 年 10 月 1 日】，显示格式为【2014-10-01】；时间调整为【10:58】，显示格式为【上午 10:58】。

① 首先需要将【通知区域】的【系统图标】均显示出来。在【通知区域】空白处单击鼠标右键，弹出快捷菜单，选择【属性】选项，打开【系统图标】窗口，在【行为】列中将所有选项设置为【打开】状态，单击【确定】按钮，如图 1-46 所示。设置完成后，【通知区域】将显示出系统的日期和时间。

② 在日期和时间显示区域单击鼠标，则弹出显示日期和时间的窗口，单击窗口中的【更改日期和时间设置】超链接，如图 1-47 所示。

图 1-46 【系统图标】窗口

图 1-47 日期和时间显示窗口

③ 打开【日期和时间】对话框，如图 1-48 所示，单击【更改日期和时间】按钮。

④ 打开【日期和时间设置】对话框，在日期选项区域设置系统的日期为 2014 年 10 月 1 日，在时间文本框中设置时间为 10:58:00，如图 1-49 所示。

图 1-48 【日期和时间】对话框

图 1-49 【日期和时间设置】对话框

⑤ 单击【更改日历设置】超链接，打开【自定义格式】对话框，如图 1-50 所示，在【日期】选项卡的【日期格式】区域将【短日期】设置为【yyyy-mm-dd】，【长日期】设置为【yyyy '年' M '月' d '日'】。

⑥ 选择【时间】选项卡，在【时间格式】区域将【短时间】格式设置为【tt hh:mm】，【长时间】格式设置为【tt hh:mm:ss】，【AM 符号】设置为【上午】，【PM 符号】设置为【下午】，如图 1-51 所示。

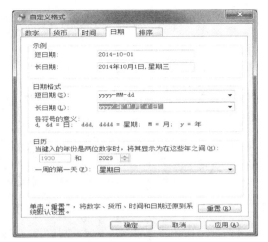
图 1-50　【日期】选项卡

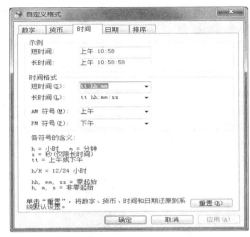
图 1-51　【时间】选项卡

⑦ 设置完成后，依次单击【确定】按钮即可，日期和时间显示格式如图 1-52 所示。

图 1-52　设置后的日期和时间显示

【实验 1.3】Windows 7 窗口的基本操作

【实验内容】

（1）打开窗口。

（2）关闭窗口。

（3）改变窗口大小。

（4）移动窗口。

（5）排列窗口。

（6）切换窗口。

（7）使用窗口的搜索栏。

【实验步骤】

1．打开桌面上的【回收站】窗口和【附件】中的【写字板】窗口

（1）用鼠标双击桌面上的【回收站】图标即可打开【回收站】窗口，如图 1-53 所示。

图 1-53　【回收站】窗口

（2）单击【开始】菜单按钮，在【开始】菜单中选择【所有程序】|【附件】|【写字板】选项，如图1-54所示。

（3）打开的【写字板】窗口，如图1-55所示。

图1-54 【附件】中【写字板】选项

图1-55 【写字板】窗口

2. 关闭前面打开的【回收站】窗口和【写字板】窗口

在Windows 7中关闭窗口常用的有以下几种方法。

（1）单击窗口标题栏右侧的 ☒ 按钮，即可关闭窗口。

（2）在标题栏空白处单击鼠标右键，在弹出的快捷菜单中选择【关闭】选项，即可关闭窗口，如图1-56所示。

（3）单击窗口标题栏左侧的【控制菜单】图标，在弹出的【控制菜单】中选择【关闭】选项，即可关闭窗口，如图1-57所示。

图1-56 标题栏上的快捷菜单

图1-57 窗口的【控制菜单】

（4）单击【文件】菜单下的【退出】命令，可关闭窗口，如图1-58所示。

可使用上述的任意一种方法关闭【回收站】和【写字板】窗口。

3. 分别打开【回收站】、【写字板】和【画图】窗口，然后将【回收站】窗口最小化、【写字板】窗口最大化、【画图】窗口调到合适大小

（1）利用上面打开窗口的方法，分别打开【回收站】、【写字板】和【画图】窗口。

（2）单击【回收站】窗口标题栏右侧的最小化按钮 ▬ ，即可将【回收站】窗口最小化。最

小化后将在任务栏中显示窗口任务按钮，单击该按钮可以还原窗口。

图 1-58　【文件】菜单下的【退出】命令

（3）单击【写字板】窗口标题栏右侧的最大化按钮 □，即可将【写字板】窗口最大化。窗口最大化后，原来窗口标题栏中的最大化按钮 □ 变成了还原按钮 □，单击该按钮即可还原窗口。

（4）确认【画图】窗口不是最大化的状态，将鼠标指针移动到窗口边缘，当鼠标指针变为双向箭头时，按住鼠标左键并拖动，至合适位置后释放鼠标，即可完成窗口的大小调整，如图 1-59所示。

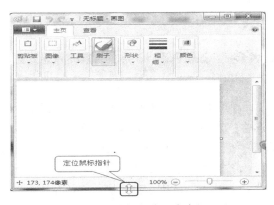

图 1-59　调整窗口大小

4．将【画图】窗口移动到桌面的右下角的位置

将鼠标指针移动至【画图】窗口标题栏的空白处，按住鼠标左键并拖动至桌面的右下角的位置后释放鼠标，即可将【画图】窗口移动到指定位置。

5．分别将【回收站】、【写字板】和【画图】窗口按【层叠窗口】、【堆叠显示窗口】和【并排显示窗口】3 种排列方式进行排列

（1）在【任务栏】的空白处单击鼠标右键，弹出的快捷菜单如图 1-60 所示，选择【层叠窗口】选项即可使 3 个窗口层叠显示在桌面上，如图 1-61 所示。

（2）在【任务栏】的空白处单击鼠标右键，在弹出的快捷菜单中选择【堆叠显示窗口】选项即可使 3 个窗口堆叠显示在桌面上，如图 1-62 所示。

（3）在【任务栏】的空白处单击鼠标右键，在弹出的快捷菜单中选择【并排显示窗口】选项即可使 3 个窗口并排显示在桌面上，如图 1-63 所示。

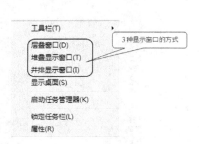

图 1-60　3 种显示窗口的方式　　　　　图 1-61　层叠窗口

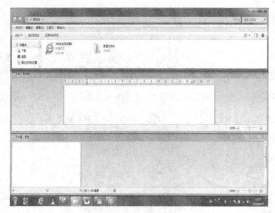

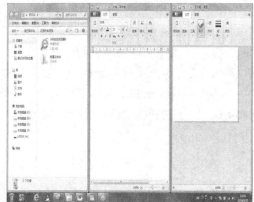

图 1-62　堆叠显示窗口　　　　　　图 1-63　并排显示窗口

6．在【回收站】窗口、【写字板】窗口和【画图】窗口之间进行切换

（1）用鼠标单击【任务栏】上的要设置成当前窗口的窗口按钮，即可将该窗口设置为当前窗口。

（2）按 Alt+Tab 组合键进行切换。按住 Alt 键的同时，多次按 Tab 键在各窗口间切换，当选择至需要的窗口时，释放所有按键即可。

（3）用鼠标单击要设置成当前窗口的空白处，即可将该窗口设置为当前窗口。

7．打开【我的电脑】窗口，利用窗口中的搜索栏搜索和 Windows 相关的文件和程序

（1）用鼠标双击桌面上的【我的电脑】图标，打开【我的电脑】窗口。

（2）在【我的电脑】窗口的搜索栏里键入"Windows"，工作区中即显示出搜索到的相关文件和程序，如图 1-64 所示。

图 1-64　使用搜索栏搜索文件

【实验 1.4】Windows 7 小工具的使用

【实验内容】

（1）添加桌面小工具。

（2）设置桌面小工具的属性。

【实验步骤】

1. 向桌面上添加【日历】和【时钟】小工具

（1）在桌面上单击鼠标右键，在弹出的快捷菜单中选择【小工具】命令，则打开桌面小工具窗口，如图 1-65 所示。

（2）双击【日历】和【时钟】的图标，则桌面右侧显示【日历】和【时钟】两个小工具，如图 1-66 所示。

图 1-65　桌面小工具窗口

图 1-66　显示桌面小工具

2. 设置【时钟】小工具的属性

将【时钟】小工具的样式更改成图 1-67 所示的外观，【时钟】名称设置为"北京时间"，时区设置成【北京】时区，在【时钟】小工具上显示秒针的轨迹，并且将【时钟】设置成半透明状态。

（1）将鼠标移动到【时钟】上，在【时钟】右边浮现出图 1-68 所示的工具条。

图 1-67　【时钟】样式

图 1-68　【时钟】工具条

（2）单击【时钟】工具条上的【设置】按钮，打开【时钟】对话框，单击时钟下方的三角箭头，可以设置时钟的外观；在【时钟名称】文本框中输入"北京时间"；在【时区】下拉列表框中选择【北京】时区；选中【显示秒针】复选框，显示秒针的轨迹，如图 1-69 所示。

（3）单击【确定】按钮，返回桌面，在【时钟】上单击鼠标右键，在弹出的快捷菜单中选择【不透明度】|【40%】命令，如图 1-70 所示。则桌面上的【时钟】小工具呈图 1-71 所示半透明状态。

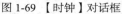

图 1-69 【时钟】对话框　　　图 1-70 设置【时钟】透明度　　　图 1-71 半透明的【时钟】

【实验 1.5】Windows 7 用户账户的管理

【实验内容】

（1）创建新账户。

（2）更改账户设置。

（3）切换用户。

（4）注销用户。

（5）删除用户账户。

【实验步骤】

1. 创建新账户

在 Windows 7 系统中创建一个用户名为"王红"的管理员账户。

（1）选择【开始】菜单中的【控制面板】命令，打开【控制面板】窗口，如图 1-72 所示。

（2）在该窗口中单击【添加或删除用户账户】超链接，打开【管理账户】窗口，如图 1-73 所示。

图 1-72 【控制面板】窗口　　　　　　图 1-73 【管理账户】窗口

（3）单击【创建一个新账户】超链接，打开【创建新账户】窗口，在【新账户名】文本框中输入新用户的名称【王红】，选中【管理员】单选按钮，如图 1-74 所示。

（4）单击【创建账户】按钮，即可创建用户名为【王红】的管理员账户，如图 1-75 所示。

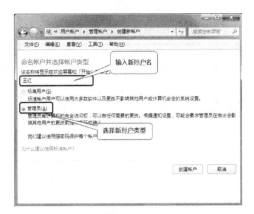

图 1-74　【创建新账户】窗口

图 1-75　【管理账户】窗口

2．更改账户设置

将【王红】管理员账户类型改成标准用户，账户图片更改为足球图片，且设置登录密码为"123456"。

（1）在【管理账户】窗口中单击【王红】账户图标，打开【更改账户】窗口，单击【更改账户类型】超链接，如图 1-76 所示。

（2）打开【更改账户类型】窗口，选中【标准用户】单选按钮，然后单击【更改账户类型】按钮，如图 1-77 所示。

图 1-76　【更改账户】窗口

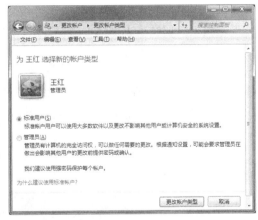

图 1-77　更改成【标准用户】账户类型

（3）返回【更改账户】窗口，【王红】账户名称下的字样已经变为【标准账户】，如图 1-78 所示。

（4）单击【更改图片】超链接，打开【选择图片】窗口，如图 1-79 所示，选择一张足球的图片，单击【更改图片】按钮，完成对账户头像图片的更改并返回【更改账户】窗口。

（5）单击【创建密码】超链接，打开【创建密码】窗口，在【新密码】文本框中输入密码："123456"，在其下方的文本框中再次输入密码进行确定，如图 1-80 所示。

（6）单击【创建密码】按钮，返回【更改账户】窗口，完成账户密码设置，如图 1-81 所示。

图 1-78 账户类型设置完成

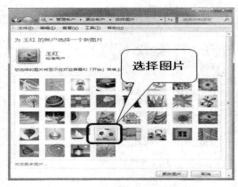

图 1-79 选择账户头像图片

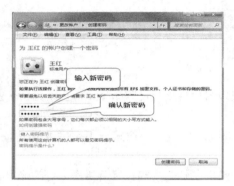

图 1-80 设置账户密码

图 1-81 账户设置完成

3. 切换账户

由当前用户切换到【王红】用户。

（1）单击【开始】菜单按钮，弹出【开始】菜单。

（2）将鼠标指针移动到【关机】按钮右侧的右三角按钮上，在弹出的子菜单中单击【切换用户】命令，如图 1-82 所示，则会返回到登录界面。

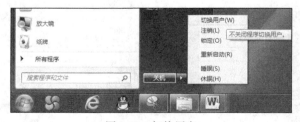

图 1-82 切换用户

（3）在如图 1-83 所示的登录界面中用鼠标单击【王红】账户图标，则会进入【王红】账户登录界面。

（4）在图 1-84 所示的【王红】账户登录界面中，需要输入登录密码：123456，然后单击 按钮登录。

4. 注销用户

注销【王红】账户登录状态。

（1）单击【开始】菜单按钮，弹出【开始】菜单。

图 1-83　系统登录界面

图 1-84　【王红】账户登录界面

（2）将鼠标指针移动到【关机】按钮右侧的右三角按钮上，在弹出的子菜单中单击【注销】命令，如图 1-85 所示，即可注销【王红】用户返回到系统登录界面。

5．删除账户

删除【王红】标准用户账户，且保留该账户的文件。

（1）选择【开始】菜单中的【控制面板】命令，打开【控制面板】窗口，在该窗口中单击【添加或删除用户账户】超链接，打开【管理账户】窗口，如图 1-86 所示。

图 1-85　注销用户

图 1-86　【管理账户】窗口

（2）单击【王红】标准用户图标，打开【更改账户】窗口，如图 1-87 所示。

（3）单击【删除账户】超链接，打开【删除账户】窗口，选择【保留文件】按钮，如图 1-88 所示。

图 1-87　【更改账户】窗口

图 1-88　【删除账户】窗口

（4）打开【确认删除】窗口，单击【删除账户】按钮，即可删除【王红】用户账户，如图1-89所示。

（5）返回【管理账户】窗口，已经没有了【王红】用户账户的显示，如图1-90所示。

图1-89　确认删除账户

图1-90　【管理账户】窗口

四、能力测试

（1）将任务栏设置为在屏幕的左侧显示。

（2）设置系统日期和时间。将系统日期调整为【2015年1月1日】，显示格式为【2015-01-01】；将系统时间调整为【8:00】，显示格式为【上午8:00】。

（3）利用窗口中的搜索栏搜索计算机中的所有word文档（*.docx）和文本文件（*.txt）。

（4）打开C盘根目录，按【修改日期】的排序方式来显示C盘根目录下的文件。

（5）打开【计算机】、【回收站】和【网络】3个窗口，分别按【堆叠显示窗口】和【并排显示窗口】两种方式排列显示窗口。

（6）向桌面上添加【天气】和【幻灯片放映】小工具，样式随意。

（7）新建一个管理员账户，账户名为【AA】，密码为【123456】。

（8）切换用户到AA账户下，并将账户图片修改为图片列表中第一行第二列所显示的图片。

（9）为AA账户设置屏幕保护程序，屏幕保护程序为【气泡】，等待时间为【5分钟】，恢复时显示登录屏幕。

（10）将管理员账户AA删除。

实验 2
Windows 7 资源管理

一、预备知识

Windows 7 的资源是以文件或文件夹的形式存储在硬盘中，这些资源包括文字、图片、音乐、游戏以及各种软件等。文件是存储在计算机磁盘内的一系列数据的集合。而文件夹则是文件的集合，用来存放单个或多个文件。文件和文件夹都存储在磁盘内。

1. Windows 7 资源管理器

资源管理器是 Windows 7 中进行各种文件操作的场所，很多用户在启动 Windows 之后的第一项操作就是打开资源管理器。

Windows 7 的资源管理器具有如下特点。

（1）预览显示。Windows 7 采用生动的图标来标识文件夹，系统赋予每个文件夹独特的个性外观，文件夹图标带有明显的文件特征，通过图标能够了解文件夹或者某个文件里对应着什么内容，如图 2-1 所示。如果在资源管理器中选定了图片、文档、音乐或视频等文件，就可以在窗口的左下角区域进行即时预览，如图 2-2 所示。

图 2-1　资源管理器中文件夹的个性外观　　　　图 2-2　资源管理器中的文件预览

（2）文件分级。Windows 7 采用了媒体文件分级标准，采用星级方式来表示，用户在资源管理器中就可以直接对媒体文件的分级进行设置。

（3）文件显示模式。在 Windows 7 资源管理器中单击【更多选项】下拉按钮，如图 2-3 所示，可以打开如图 2-4 所示的滑块条，用户能够根据需要来选择使用详细信息、列表、小图标、大图标或超大图标模式，其功能和 Windows XP 中的【查看】菜单的作用差不多，但是采用滑块条方式操作更简便。

2. 文件和文件夹的基本操作

要想把计算机中的资源管理的井然有序，首先要掌握文件和文件夹的基本操作方法。文件和文件夹的基本操作主要包括新建文件和文件夹、文件和文件夹的选定、重命名、复制、删除等操作。

图 2-3 【更多选项】下拉按钮　　　　　图 2-4 设置显示方式滑块条

（1）创建文件和文件夹。在使用应用程序编辑文件时，通常需要新建文件。用户也可以根据自己的需求，创建文件夹来存放相应类型的文件。

（2）选择文件和文件夹。用户对文件和文件夹进行操作之前，先要选定文件和文件夹，选中的目标在系统默认下呈蓝色状态显示。Windows 7 系统提供了以下几种选择文件和文件夹的方法。

① 选择单个文件或文件夹：单击文件或文件夹图标即可选择。

② 选择多个相邻的文件或文件夹：选择第一个文件或文件夹后，按住 Shift 键，然后单击最后一个文件或文件夹。

③ 选择多个不相邻的文件和文件夹：选择第一个文件或文件夹后，按住 Ctrl 键，逐一单击要选择的文件或文件夹。

④ 选择所有的文件或文件夹：按住 Ctrl+A 组合键即可选中当前窗口中所有文件或文件夹。

⑤ 选择某一区域的文件或文件夹：在需要选择的文件或文件夹起始位置处按住鼠标左键进行拖动，此时在窗口中出现一个蓝色的矩形框，当该矩形框包含了需要选择的文件或文件夹后松开鼠标，即可完成选择。

（3）重命名文件或文件夹。用户在新建文件和文件夹后，已经给文件和文件夹命名了。不过在实际操作过程中，为了方便用户管理与查找文件和文件夹，可以根据用户的需求对其重新命名。

（4）复制文件和文件夹。复制文件和文件夹是为了将一些比较重要的文件和文件夹备份，也就是将文件或文件夹复制一份到硬盘的其他位置上，使文件或文件夹更加安全，以免丢失资料。

（5）删除文件和文件夹。为了保持计算机中文件系统的整洁、有条理、同时也为了节省磁盘空间，用户经常需要删除一些已经没有用的或损坏的文件和文件夹。删除文件和文件夹有以下几种方法。

① 选中想要删除的文件或文件夹，然后按键盘上的 Delete 键。

② 用鼠标右击要删除的文件或文件夹，然后在弹出的快捷菜单中选择【删除】命令。

③ 用鼠标将要删除的文件或文件夹直接拖动到桌面的【回收站】图标上。

④ 选中想要删除的文件或文件夹，单击窗口工具栏中的【组织】按钮，在弹出的下拉菜单中选择【删除】命令。

3. 设置文件和文件夹

（1）文件和文件夹的排序。在 Windows 7 系统中，用户可以对文件或文件夹依照一定的规律进行排列顺序，方便查看。文件和文件夹排序的具体方法是在窗口空白处右击鼠标，在弹出的快捷菜单中选择【排序方式】子菜单中相应的命令即可。排序方式有【名称】、【修改日期】、【类型】、【大小】等。

（2）隐藏文件和文件夹。如果用户不想让计算机的某些文件或文件夹被其他人看到，用户可以隐藏这些文件或文件夹。当用户想查看时，再将其显示出来。

（3）压缩文件和文件夹。通常在使用计算机传输文件或保存文件及文件夹时，常常遇到文件或文件夹容量太大，造成传输不便和浪费存储空间的问题，用户可以压缩文件或文件夹使其减小体积，以后若再次使用被压缩的文件或文件夹时，可以将其解压缩。

（4）共享文件和文件夹。现在家庭或办公生活环境里经常使用多台计算机，而多台计算机中的文件和文件夹可以通过局域网多用户共同享用。用户只需将文件或文件夹设置为共享属性，就可以供其他用户查看、复制或者修改该文件或文件夹。

4. 使用 Windows 7 的库

在 Windows 中新引入了一个库的概念，运用库可以大大提高用户使用计算机的方便程度。Windows 7 文件库可以将用户需要的文件和文件夹全部集中到一起就像是网页的收藏夹一样，只要单击库中的链接，就能快速打开添加到库中的文件夹。另外，库中的链接会随着原始文件夹的变化而自动更新，并且可以以同名的形式存于文件库中。右击【开始】菜单打开的【资源管理器】窗口默认显示的就是【库】窗口，如图 2-5 所示。

图 2-5 【库】窗口

5. 管理 Windows 7 回收站

回收站是系统默认存放删除文件的场所，一般文件和文件夹删除的时候，都自动移动到回收站里，而不是从磁盘里彻底删除。这样可以防止文件的误删除，随时可以从回收站里还原文件和文件夹。

（1）回收站还原文件。从回收站还原文件有两种方法，一种是右击准备还原的文件，在弹出的快捷菜单中选择【还原】命令，即可将该文件还原到被删除之前文件所在的位置。另一种是直接使用回收站窗口中的菜单命令还原文件。

（2）回收站删除文件。在回收站中删除文件和文件夹是永久删除，方法是在要删除的文件图标上单击鼠标右键，在弹出的快捷菜单中选择【删除】命令，如图 2-6 所示。此时，将打开【删除文件】对话框，单击【是】按钮，即可将文件删除，如图 2-7 所示。

（3）清空回收站。清空回收站即是将回收站里的所有文件和文件夹全部永久删除，此时用户不必选择要删除的文件，直接在桌面上【回收站】图标上单击鼠标右键，在弹出的快捷菜单中选择【清空回收站】命令。此时也和删除一样会打开【删除文件】提示对话框，单击【是】按钮即可清空回收站。

图 2-6　选【删除】命令

图 2-7　【删除文件】对话框

6．Windows 7 中的常用附件

Windows 7 系统自带了很多附件工具，这些附件包括便签、写字板、画图程序、计算器、截图工具等。用户可以使用这些附件工具处理日常的编辑文本、绘制图像、计算数值、截取图片等生活办公的操作。

二、实验目的

（1）熟练掌握资源管理器的使用方法。
（2）重点掌握文件和文件夹的基本操作方法。
（3）掌握使用 Windows 7 的库的方法。
（4）掌握 Windows 7【回收站】的使用方法。
（5）掌握 Windows 7 中常用附件的使用技巧

三、实验内容及步骤

【实验 2.1】Windows 7 资源管理器的使用

【实验内容】

（1）打开 Windows 7 资源管理器。

（2）查看文件和文件夹。

【实验步骤】

1．打开 Windows 7 资源管理器

打开 Windows 7 资源管理器的常用方法有如下两种。

（1）按【　　+E】组合键即可打开资源管理器窗口，使用此方法打开的是【计算机】窗口，如图 2-8 所示。

（2）在【开始】菜单按钮上单击鼠标右键，在弹出的快捷菜单中选择【打开 Windows 资源管理器】，即可打开资源管理器窗口，使用此方法打开的是【库】窗口，如图 2-9 所示。

图 2-8　【计算机】窗口

图 2-9　【库】窗口

2．查看文件和文件夹

Windows7 系统一般用【计算机】窗口来查看磁盘、文件和文件夹等计算机资源，用户主要通过窗口工作区、地址栏、导航窗格 3 种方式进行查看。

（1）通过窗口工作区查看 C 盘中的【用户】文件夹下【公用】|【公用图片】|【示例图片】|【八仙花】文件。

① 用鼠标双击桌面上的【计算机】图标，打开【计算机】窗口，如图 2-8 所示。

② 在该窗口工作区内双击磁盘符【本地磁盘（C：）】，打开 C 盘窗口，找到并双击【用户】文件夹，如图 2-10 所示，打开【用户】文件夹。

③ 在【用户】文件夹下找到【公用】|【公用图片】|【示例图片】文件夹，在【示例图片】文件夹下找到【八仙花】文件，双击打开【八仙花】文件，该文件为图片文件，格式为 JPEG，打开的文件，如图 2-11 所示。

图 2-10　【用户】文件夹

图 2-11　【八仙花】文件

（2）通过地址栏查看 C 盘中的【用户】文件夹下【公用】|【公用图片】|【示例图片】|
【八仙花】文件。

① 双击桌面【计算机】图标，打开【计算机】窗口。

② 单击该窗口地址栏中【计算机】文本后的 ▸ 按钮在弹出的下拉列表中选择所需的磁盘盘
符 C，如图 2-12 所示。

③ 此时在地址栏中自动显示【本地磁盘(C:)】文本和其后的 ▸ 按钮，单击该按钮，在弹出的
下拉菜单中选择【用户】文件夹，如图 2-13 所示。

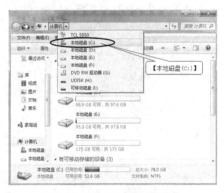

图 2-12　用地址栏选择 C 盘

图 2-13　选择【用户】文件夹

④ 依次选择【公用】|【公用图片】|【示例图片】文件夹，打开【示例图片】文件夹窗
口，如图 2-14 所示，双击该窗口中的【八仙花】文件图标，即可查看【八仙花】文件。

若想返回到原来的文件夹，可以单击地址栏左侧的 ◉ 按钮。

（3）通过导航窗格查看 C 盘中的【用户】文件夹下【公用】|【公用图片】|【示例图片】|
【八仙花】文件。

Windows 7 系统【计算机】窗口里的导航窗格功能很强大，用户可以通过导航窗格查看磁盘
目录下的文件夹，以及文件夹下的子文件夹，如图 2-15 所示。

图 2-14　【示例图片】文件夹窗口

图 2-15　用导航窗格查看文件

【实验 2.2】文件和文件夹的基本操作

【实验内容】

（1）创建文件和文件夹。

（2）重命名文件和文件夹。

（3）复制文件和文件夹。

（4）删除文件和文件夹。

（5）隐藏文件和文件夹。

（6）压缩文件和文件夹。

（7）共享文件和文件夹。

【实验步骤】

（1）创建文件和文件夹。在 E 盘新建一个名为【读小说】的文件和一个名为【我的音乐】文件夹。

① 双击桌面图标【计算机】，打开【计算机】窗口，双击【本地磁盘(E:)】盘符，打开 E 盘。

② 在窗口空白处右击鼠标，在弹出的快捷菜单中选择【新建】|【文本文档】命令，如图 2-16 所示。

图 2-16　选择【文本文档】

③ 窗口出现【新建文本文档.txt】文件，且文件名【新建文本文档】呈可编辑状态，如图 2-17 所示。

④ 用户输入【读小说】文件名并按 Enter 键，则完成【读小说.txt】文件的建立，如图 2-18 所示。

图 2-17　新建文本文档

图 2-18　输入文件名

⑤ 在窗口的空白处右击鼠标，在弹出的快捷菜单中选择【新建】|【文件夹】命令。

⑥ 出现【新建文件夹】文件夹图标，由于文件夹名是可编辑状态，直接输入【我的音乐】，文件夹名并按 Enter 键则完成【我的音乐】文件夹的建立。

（2）重命名文件和文件夹。将【读小说】文件和【我的音乐】文件夹分别改名为【网络小说】文件和【娱乐休闲】文件夹。

① 在【读小说】文件图标上右击鼠标，在弹出快捷菜单中选择【重命名】命令，则文件名呈可编辑状态，此时输入【网络小说】即可。

② 使用同样的方法将【我的音乐】文件夹的名称改为【娱乐休闲】。

（3）复制文件和文件夹。将 E 盘中的【网络小说】文件复制到 D 盘下，将 E 盘中的【娱乐休闲】文件夹移动到 D 盘。

① 打开 E 盘窗口，在【网络小说】文件图标上右击鼠标，在弹出的快捷菜单中选择【复制】命令，如图 2-19 所示。

图 2-19　选择【复制】命令

② 打开 D 盘窗口，在窗口空白处右击鼠标，在弹出的快捷菜单中选择【粘贴】命令，即可将 E 盘中的【网络小说】文件复制到 D 盘。

③ 在 E 盘中右击【娱乐休闲】文件夹图标，在弹出的快捷菜单中选择【剪切】命令。

④ 打开 D 盘窗口，在窗口空白处右击鼠标，在弹出的快捷菜单中选择【粘贴】命令，即可将 E 盘中的【娱乐休闲】文件夹移动到 D 盘。

（4）删除文件和文件夹。删除 D 盘下的【网络小说】文件。删除文件和文件夹的方法有以下几种。

① 选中想要删除的文件或文件夹，然后按键盘上的 Delete 键。

② 用鼠标右击要删除的文件或文件夹，然后在弹出的快捷菜单中选择【删除】命令，如图 2-20 所示。

图 2-20　选择【删除】命令

③ 用鼠标将要删除的文件或文件夹直接拖动到桌面的【回收站】图标上。

④ 选中想要删除的文件或文件夹，单击窗口工具栏中的【组织】按钮，在弹出的下拉菜单中选择【删除】命令。

使用上述任意一种方法删除 D 盘下的【网络小说】文件。

（5）隐藏文件和文件夹。隐藏 D 盘下的【娱乐休闲】文件夹，然后再重新显示出来。

① 打开 D 盘，用鼠标右击【娱乐休闲】文件夹，在弹出的快捷菜单中选择【属性】命令。

② 在打开的【属性】对话框的【常规】选项卡的【属性】栏里选中【隐藏】复选框，如图 2-21 所示，单击【确定】按钮，即可完成隐藏【娱乐休闲】文件夹。

③ 若想将设置成【隐藏】属性的文件或文件夹显示出来，则需要打开【资源管理器】窗口，单击工具栏上的【组织】按钮，在弹出菜单中选择【文件夹和搜索选项】命令，如图 2-22 所示。

图 2-21 【娱乐休闲】文件夹属性对话框

图 2-22 选择【文件夹和搜索选项】命令

④ 在打开的【文件夹选项】对话框中，切换至【查看】选项卡，在【高级设置】列表框中【隐藏文件和文件夹】选项组中选中【显示隐藏的文件、文件夹和驱动器】单选按钮，如图 2-23 所示，单击【确定】按钮即可显示被隐藏的文件夹。

（6）压缩文件和文件夹。

① 在 E 盘下新建一个名为【照片】的文件夹，将 C 盘中的【八仙花】和【考拉】两个图片文件复制到【照片】文件夹，并将【照片】文件夹压缩成压缩文件。

a. 在 E 盘下新建一个名为【照片】的文件夹。

b. 打开 C 盘，依次双击【用户】、【公用】、【公用图片】、【示例图片】文件夹图标，打开【示例图片】文件夹窗口，将【八仙花】和【考拉】两个图片文件【复制】到 E 盘的【照片】文件夹中，如图 2-24 所示。

图 2-23 【文件夹选项】对话框

图 2-24 【照片】文件夹

c. 单击地址栏左侧的 按钮，返回到【本地磁盘(D:)】窗口，用鼠标右击【照片】文件夹，在弹出的快捷菜单中选择【添加到"照片.zip"】命令，如图 2-25 所示，即可将【照片】文件夹压缩到【照片.zip】压缩文件中。压缩后的文件图标，如图 2-26 所示。

图 2-25　【添加到"照片.zip"】命令

图 2-26　压缩文件照片.zip

② 将压缩文件【照片.zip】移动到 E 盘，并将其解压缩。

a. 将压缩文件【照片.zip】从 D 盘移动到 E 盘，然后右击 E 盘窗口中的【照片.zip】文件图标，在弹出的快捷菜单中选择【解压到当前文件夹】命令，如图 2-27 所示。

b. 解压之后的【照片】文件夹如图 2-28 所示，和 D 盘下的【照片】文件夹完全相同。

图 2-27　解压到当前文件夹

图 2-28　解压后【照片】的文件夹

（7）共享文件和文件夹。共享 E 盘下的【照片】文件夹。

① 打开 E 盘窗口，用鼠标右击【照片】文件夹，从弹出的快捷菜单中选择【属性】命令，打开【属性】对话框。

② 在【属性】对话框中选择【共享】选项卡，单击【高级共享】按钮，如图 2-29 所示。

③ 打开【高级共享】对话框，选中【共享此文件夹】复选框，【共享名】、【将同时共享的用户数量限制为】、【注释】都可以自己设置，这里采用默认状态，然后单击【权限】按钮，如图 2-30 所示。

图 2-29　【共享】选项卡

图 2-30　【高级共享】对话框

④ 打开【照片的权限】对话框,可以在【组或用户名】区域里看到组里成员,默认为 Everyone,即为所有用户。在【Everyone 的权限】区域里,【完全控制】是指其他用户可以删除修改本机上共享文件夹里的文件;【更改】可以修改,不可以删除;【读取】只能浏览复制,不能修改。这里在【读取】后选中【允许】复选框,如图 2-31 所示。

⑤ 最后单击【确定】按钮,【照片】文件夹即成为共享文件夹。

【实验 2.3】使用 Windows 7 的库

【实验内容】

(1) 新建库。

(2) 向库中添加文件或文件夹。

【实验步骤】

(1) 新建一个名为【照片】的库

① 用鼠标右击【开始】菜单按钮,从弹出的快捷菜单中选择【打开 Windows 资源管理器】命令,则可打开【库】窗口,如图 2-32 所示。

图 2-31　【照片的权限】对话框

图 2-32　【库】窗口

② 在【库】窗口的空白区域右击鼠标,在弹出的快捷菜单中选择【新建】|【库】命令,如图 2-33 所示。

③ 在新建库的名称框中输入"照片",如图 2-34 所示,即可建立【照片】库。

图 2-33 新建库命令

图 2-34 【照片】库图标

（2）将【本地磁盘(E:)】中的【照片】文件夹包括在【照片】库中

① 双击【照片】库图标，打开【照片】库，单击【包括一个文件夹】按钮，如图 2-35 所示。

② 在打开的【将文件夹包括在"照片"中】窗口中，单击导航窗格中的【本地磁盘(E:)】盘符，在文件列表窗口中选中【照片】文件夹，最后单击【包括文件夹】按钮，如图 2-36 所示。

图 2-35 【照片】库窗口

图 2-36 选择要包括在库中的文件夹

（3）打开【更新库】对话框，显示更新过程，更新库完毕后，此时在【照片】库中包含【照片】文件夹，双击【照片】文件夹图标，可以查看【照片】文件夹里面的文件或文件夹，如图 2-37 所示。

图 2-37 【照片】库窗口

【实验 2.4】Windows 7【回收站】的使用

【实验内容】

（1）回收站还原文件。

（2）回收站删除文件。

（3）清空回收站。

【实验步骤】

1. 将【实验 2.2】中删除的【网络小说】文件从回收站中还原到原来的位置

（1）双击桌面上的【回收站】图标，打开【回收站】窗口。

（2）在窗口中的【网络小说】文件图标上右击鼠标，在弹出的快捷菜单中选择【还原】命令，如图 2-38 所示，即可将【网络小说】文件还原到删除前的位置。

2. 将刚刚还原到 D 盘的【网络小说】文件再次删除，然后在回收站中永久删除此文件

（1）打开【本地磁盘(D:)】窗口，将刚刚还原回去的【网络小说】文件再次删除。

（2）打开【回收站】窗口，在【网络小说】文件图标上右击鼠标，在弹出的快捷菜单中选择【删除】命令，如图 2-39 所示。

图 2-38　【回收站】窗口

图 2-39　选择【删除】命令

（3）此时打开【删除文件】对话框，单击【是】按钮，即可将文件永久删除，如图 2-40 所示。

3. 清空回收站

直接右击桌面上的【回收站】图标，在弹出的快捷菜单中选择【清空回收站】命令，如图 2-41 所示。此时也和删除一样会打开提示对话框，单击【是】按钮，即可清空回收站。

图 2-40　【删除文件】对话框

图 2-41　清空回收站

【实验 2.5 】 Windows 7 中的常用附件的使用

【实验内容】

（1）使用便笺。

（2）使用画图程序。

（3）使用截图工具。

【实验步骤】

1. 使用便笺

在 Windows 中启动便笺程序并使用便笺书写一个会议通知（通知内容：今天下午 3 点，各班班长在第 1 教学楼 5 楼会议室开会。），调整便笺的大小，并将便笺的底色设置成【粉红】色。

（1）选择【开始】|【所有程序】|【附件】|【便笺】命令，启动【便笺】程序，此时在桌面的右上角出现一个黄色的便笺纸，将光标定位在便笺纸中，直接输入便笺内容即可，如图 2-42 所示。

（2）在便笺的空白处单击鼠标右键，在弹出的快捷菜单中选择【粉红】命令，即可将便笺的底色设置为粉红色，如图 2-43 所示。

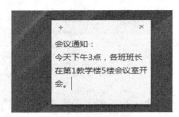

图 2-42　建立【会议通知】便笺

图 2-43　改变便笺的颜色

注意

若要删除不需要的便笺，可直接单击便笺右上角的删除按钮 × ，即可删除便笺。

2. 使用"画图"程序绘制简单的【星空】图

（1）选择【开始】|【所有程序】|【附件】|【画图】命令，启动【画图】程序。

（2）将颜色栏中的【颜色 2】设置为【黑色】，单击工具栏中的 按钮，再右击绘图区，将背景填充为黑色，如图 2-44 所示。

（3）将颜色栏中的【颜色 1】设置为【黄色】，单击形状栏中的 · 按钮弹出下拉菜单，选择其中的【四角星形】，如图 2-45 所示。

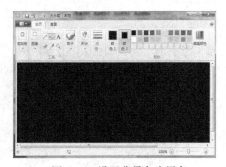

图 2-44　设置背景色为黑色

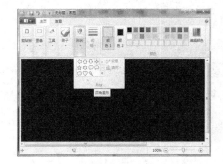

图 2-45　选择线条的颜色和形状

（4）单击粗细按钮选择第二种粗细程度，再将鼠标移动到绘图区，鼠标光标变成一个空心十字形状，按住鼠标左键拖动，画出一个黄色的四角星，如图 2-46 所示。

（5）单击工具栏中的【填充】按钮，再单击四角星内部，将四角星填充为黄色，按照以上步骤，再画出大小不一的几个黄色的四角星，如图 2-47 所示。

图 2-46　画出一个黄色的四角星　　　　　　　　图 2-47　填充四角星

（6）单击工具栏上的【铅笔】按钮，再单击【粗细】按钮选择第二种粗细程度，将鼠标移动到绘图区，鼠标光标变成一个铅笔形状，按住鼠标左键拖动，画出一个月亮，然后填充为黄色，如图 2-48 所示。

（7）单击【刷子】按钮，选择其下拉列表中的【喷枪】选项，再单击【粗细】按钮选择其中的第四种粗细程度，将鼠标移动到绘图区，鼠标变成喷枪形状，按住鼠标左键拖动，画上细密的星河，如图 2-49 所示。

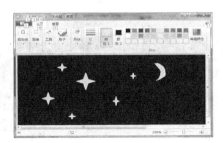
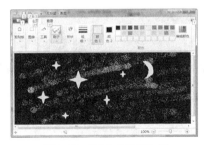

图 2-48　用【铅笔】画出月亮　　　　　　　　图 2-49　完成"星空"图

3．使用截图工具

（1）任意格式截图。

① 选择【开始】|【所有程序】|【附件】|【截图】命令，启动【截图】程序。单击【新建】旁的 · 按钮，在弹出的下拉菜单中选择【任意格式截图】命令，如图 2-50 所示。此时屏幕画面变成蒙上一层白色的样式，鼠标指针变为剪刀形状，然后在屏幕上按住鼠标左键拖动，鼠标轨迹为红线状态，如图 2-51 所示。当释放鼠标时，即可将红线内部分截取到截图工具窗口中。

图 2-50　选择【任意格式截图】命令　　　　　　图 2-51　【任意格式截图】

② 单击【文件】|【另存为】菜单命令或者单击工具栏上的保存截图按钮🖫，则打开【另存为】对话框，如图 2-52 所示。在【另存为】对话框中先选择保存路径，然后在【文件名】输入框中输入要保存图片的文件名，最后单击【保存】按钮即可把所截取的图片以文件的形式保存到指定位置。

图 2-52　【另存为】对话框

（2）窗口和全屏截图。打开截图工具后选择【窗口截图】命令，此时当前窗口周围出现红色边框，表示该窗口为截图窗口，单击该窗口后，打开【截图工具】编辑窗口，则被截图窗口内所有内容画面都被截取下来，如图 2-53 所示。

全屏截图和窗口截图类似，打开截图工具后选择【全屏截图】命令，程序会立刻将当前屏幕所有内容画面存放到【截图工具】编辑窗口中，如图 2-54 所示。

图 2-53　窗口截图

图 2-54　全屏截图

四、能力测试

（1）将桌面上【回收站】图标重命名为【废旧文件】。

（2）在 C 盘根目录下新建一个名为【网络共享文件】的文件夹。

（3）在 D 盘根目录下新建一个 Word 文档，并将该 Word 文档命名为【共享要求】。

（4）打开计算器，使用截图方式，将计算器截图粘贴到刚才所建立的 Word 中。

（5）将 D 盘根目录下的【共享要求】文件复制到 C 盘下的【网络共享文件】文件夹中。

（6）将 D 盘根目录下的【共享要求】文件设置成为隐藏文件。

（7）将 C 盘根目录下的【网络共享文件】文件夹添加为压缩文件【网络共享文件.zip】。

（8）将 C 盘根目录下的【网络共享文件】文件夹设置成为共享模式。

（9）显示磁盘中的所有隐藏文件，将 D 盘根目录下的【共享要求】文件取消隐藏并设置为只读格式。

（10）将 D 盘根目录下的【共享要求】文件从磁盘上彻底删除。

实验 3
Internet 的简单应用

一、预备知识

1. 认识 Internet

通常人们所说的"上网"，就是指使用 Internet（国际互联网，音译成"因特网"）。Internet 是目前全世界最大的计算机网络通信系统，它连接了全球的信息资源，人们可以通过它参与并交换信息或者共享网络资源。

2. 使用 IE 8.0 浏览器

要上网必须安装浏览器程序，在 Windows 7 系统中自带了 IE8.0 浏览器软件，用户可以使用它在 Internet 上浏览网页，还能够利用其内建的功能在网上进行多种操作。

（1）IE 8.0 的特点。

① 有效防范钓鱼网站。IE8.0 针对现在的浏览器容易被病毒攻击和绑架，导致上网浏览和交易的安全性变差，特地设计了【反钓鱼功能】，对浏览页面进行分析检测，以达到正常浏览状态。

当浏览器访问某个不知名网页后，发生了错误或疑似钓鱼网站，可通过检测该站点的方法进行安全性检测，将危险化解以达到提升 IE 安全性作用。若确认某个网站是钓鱼网站，还可以通过报告不安全的网站进行上报，对该网站进行访问限制。

② 快捷访问收藏网站。IE 8.0 对收藏夹进行了调整，独立设置了【收藏夹】工具条，用户可以把平时最常访问的网站收藏到这里单击访问，更加快捷，如图 3-1 所示。而对于不经常访问的网站，可以将它收藏起来，但不显示到工具条上，方便以后需要时使用。

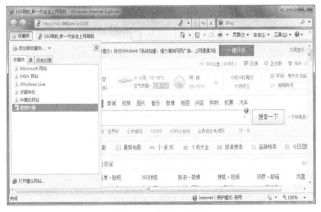

图 3-1　使用收藏夹

③ 全屏浏览。IE 8.0 具有全屏浏览的功能。打开浏览页面，按 F11 键后屏幕会处于全屏浏览状态。当需要使用功能栏时，只需将鼠标放到屏幕顶部，便会自动出现功能栏，方便快捷。

④ 与移动设备同步收藏。IE 8.0 增加了与移动设置同步的功能，增加智能手机与 IE 收藏夹同步的功能。

⑤ 二次搜索和加工。使用 IE 8.0 搜索资源之后，对页面中的内容可进行二次搜索和加工，这样不用重复搜索，节约时间和操作。打开一个页面，然后选中该页面中的文字，此时弹出一个正方形二次操作菜单按钮，单击后提供二次操作，包括关键词搜索、地图查找、发电邮等功能，使 IE 的扩展功能更加强大，如图 3-2 所示。

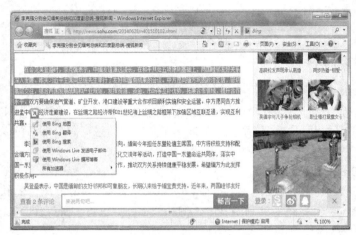

图 3-2　搜索和加工

（2）IE8.0 窗口组成。IE 8.0 是 Windows 7 系统自带的网页浏览器，双击桌面上的浏览器图标或单击任务栏左下角的浏览器图标都可以打开 IE 浏览器窗口。它由标题栏、前进和后退按钮、地址栏等组件所组成，如图 3-3 所示。

图 3-3　IE 8.0 窗口界面

① 标题栏：位于窗口界面的最上端，用来显示打开的网页名称，以及窗口控制按钮。
② 前进/后退按钮：使用前进/后退按钮可以快速地在浏览过的网页之间进行切换。

③ 地址栏：地址栏是用来输入网站的网址，当用户打开网页时显示正在访问的页面地址。

④ 搜索栏：用户可以在其文本框中输入要搜索的内容。

⑤ 收藏夹栏：用来收藏用户常用的网站。

⑥ 选项卡栏：因为 IE 8.0 支持在同一浏览器窗口中打开多个网页，每打开一个网页对应增加一个选项卡标签，单击相应的选项卡标签可以在打开的网页之间进行切换。

⑦ 命令栏：包含了一些常用工具按钮，如【主页】按钮，单击该按钮可以打开设置的主页页面。

⑧ 网页浏览区：这是浏览网页的主要区域、用来显示当前网页的内容。

⑨ 状态栏：位于浏览器的底部，用来显示网页下载进度和当前网页的相关信息。

（3）浏览网页。通过 IE 浏览器，可以浏览在 Internet 上的网页信息。IE 8.0 采用当下流行的选项卡浏览模式为基础。

（4）搜索信息。搜索是上网查资料信息经常会用到的操作，现在的搜索引擎有很多，包括谷歌、百度、搜狗等，它们都是有着自身的特点和优势。这些搜索引擎可以用来搜索以下几种常用信息。

① 搜索关键词。如果用户想要搜索包含某个关键字的网页，可在搜索引擎的搜索框中直接输入该关键字即可进行搜索。如果要搜索的内容有多个关键字，可用空格将多个关键字隔开。

② 搜索图片。用户可以通过搜索引擎自带的搜索图片的功能很方便快捷的在网上找到自己所需的图片。

③ 搜索音乐。使用搜索引擎的 MP3 搜索功能，可以使用户方便的搜索到想听的音乐。

（5）收藏网页。IE 8.0 浏览器具备很强大的收藏功能，可以将浏览器中浏览的页面添加到收藏夹中，还可将收藏的网站链接以按钮的形式摆放在浏览器的上方，以便在需要时可以快速地打开并查看这些网页的内容。

3．Internet 的日常应用

（1）下载网络资源。网络上的资源非常丰富，用户可以使用 IE 浏览器自带的下载功能下载软件或资料，当用户单击网页中的超载功能的超链接时，IE 浏览器即可自动开始下载文件。

（2）查询电子地图。通过互联网，可以查看全国各地的电子地图，而在电子地图上可以查询公交路线。

（3）在线网络游戏。通过 Internet，用户能够和来自五湖四海的网络用户进行各种在线游戏。

（4）使用 QQ 聊天工具进行网络交流。除了 Windows 7 系统自带的 Windows Live Messenger（MSN）即时通信软件，腾讯 QQ 工具是一款即时交流软件。它支持显示朋友在线信息、即时传送信息、即时交谈、即时发送文件，而且还具有聊天室、传输文件邮件、手机短信服务等功能。

（5）网上购物。随着网络的普及，网上购物已经成为了流行的购物现象。与传统购物相比，网上购物拥有方便、安全、商品种类齐全以及价格更加便宜等优势。

二、实验目的

（1）熟练掌握 IE 浏览器的一般使用方法。

（2）掌握 IE 浏览器的设置方法。

（3）学会保存网页上的信息

（4）重点掌握网络资源的下载方法。

（5）重点掌握电子邮箱的使用方法。

三、实验内容及步骤

【实验 3.1】使用 IE 浏览器

【实验内容】

（1）启动 IE 浏览器。

（2）使用 IE 浏览器浏览网页。

（3）使用 IE 浏览器搜索信息。

（4）使用 IE 浏览器收藏网页。

【实验步骤】

1. 启动 IE 浏览器

双击桌面上的浏览器图标 或单击任务栏左下角的浏览器图标 都可以启动 IE 浏览器，如图 3-4 所示。

图 3-4　IE 首页

2. 在 IE 浏览器中使用选项卡浏览模式浏览【搜狐】网站主页和【新浪网】的主页

（1）启动 IE 浏览器，在地址栏中输入网址【http://www.sohu.com】按 Enter 键或单击【转到】按钮 ，即可打开【搜狐】网站的主页，如图 3-5 所示。

（2）单击选项卡栏中的【新选项卡】按钮 ，如图 3-6 所示，打开一个新选项卡。

图 3-5　通过输入网址打开【搜狐】网站主页

图 3-6　单击【新选项卡】按钮

（3）在新选项卡的地址栏中输入【www.sina.com.cn】，如图 3-7 所示，按 Enter 键，打开【新浪网】的主页，如图 3-8 所示。

图 3-7　在新建选项卡

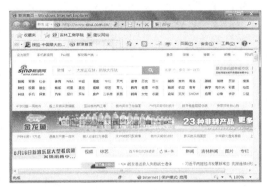

图 3-8　打开新浪网主页

（4）移动鼠标当光标指向分类区域中的"军事"时，光标变成小手形状，表明它是超链接；右击某个超链接，然后在弹出的快捷菜单中选择【在新选项卡中打开】命令，即可在一个新的选项卡中打开该链接，如图 3-9 所示。

（5）按照上述方法，用户可在一个 IE 窗口中打开多个选项卡。

（6）单击如图 3-10 所示【快速导航选项卡】按钮，可使当前 IE 窗口内的所有选项卡对应的页面以缩略图的方式平铺显示，如图 3-11 所示。单击其中的某个缩略图，即可放大查看该网页。

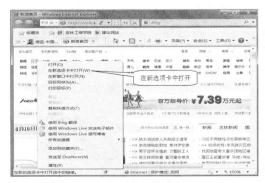

图 3-9　选择【在新选项卡中打开】命令

图 3-10　单击【快速导航选项卡】按钮

图 3-11　页面以缩略图平铺显示

3.　使用 IE 浏览器搜索信息

（1）使用百度搜索引擎搜索与【巴西】和【世界杯】两个关键字都相关的网页。

① 启动 IE 浏览器，在地址栏中输入网址 www.baidu.com，然后按下 Enter 键，打开百度搜索引擎的主页，在文本框中输入"巴西　世界杯"两个关键词，中间用空格键隔开，如图 3-12 所示。

② 输入关键字之后按 Enter 键或者单击【百度一下】按钮，即可搜索出与【巴西】和【世界杯】两个关键字都相关的网页链接，如图 3-13 所示。

图 3-12　输入关键字

图 3-13　搜索出的网页链接

（2）使用百度搜索有关【汽车博览会】的图片。

① 启动 IE 浏览器，在地址栏中输入网址 www.baidu.com，然后按下 Enter 键，打开百度搜索引擎的主页，在主页页面中，单击【图片】链接，如图 3-14 所示。

② 进入百度图片的搜索页面，在文本框中输入"汽车博览会"文字，单击【百度一下】按钮，如图 3-15 所示。

图 3-14　单击【图片】链接

图 3-15　【百度图片】搜索

（3）使用百度的 MP3 搜索功能，搜索【刘德华】的音乐。

① 打开百度搜索引擎的主页，在主页页面中，单击【MP3】链接，进入百度音乐的搜索页面，如图 3-16 所示，在【百度一下】文本框中输入"刘德华"关键字。

② 输入关键字后，单击【百度一下】按钮，即可搜索出关于【刘德华】的音乐，如图 3-17 所示。

图 3-16　【百度音乐】搜索

图 3-17　搜索到的音乐

（4）在百度搜索引擎中搜索查看【长春 卡伦湖】所在地点并搜索从【长春站】驾车到【卡伦湖】的路线。

① 打开百度搜索引擎的主页，在主页页面中，单击【地图】链接，进入【百度地图】的搜索页面，在【百度一下】文本框中输入"长春 卡伦湖"关键字，关键字之间用空格隔开，然后单击【百度一下】按钮，如图 3-18 所示。

② 显示【卡伦湖】所在地图，这时把鼠标光标放置在地图上，光标呈现为手掌形状，进行拖曳操作，可以将地图移动；拖动地图左上角的滑块，可放大或缩小电子地图。

③ 若想搜索驾车路线，则需要单击文本框下的【驾车】标签，终点框内显示的是刚刚搜索到的【卡伦湖】，用户只需要在起点文本框中输入"长春站"文字，单击【百度一下】按钮。

④ 则在电子地图中用蓝色的线条标示出从【长春站】到【卡伦湖】的驾车路线，页面的左侧显示出一个驾车线路文字说明，可展开查看详细的路线，还可选择【最少时间】、【最短路径】、【不走高速】等不同的方案，如图 3-19 所示。这里选择【A】地点为起点，单击【百度一下】按钮，则搜索出从【长春站】到【卡伦湖】的公交路线，显示在页面右侧，列举了几种乘车方案，用户可以选择使用。

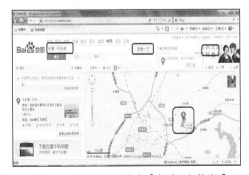

图 3-18　百度地图搜索【长春 卡伦湖】

图 3-19　驾车路线查询

4. 使用 IE 浏览器的收藏夹

将【吉林工商学院】的站点链接添加到收藏夹。

（1）启动 IE 浏览器，在地址栏中输入网址 www.jlbtc.edu.cn，然后按 Enter 键，打开【吉林工商学院】的首页，如图 3-20 所示。

（2）在【吉林工商学院】的首页，单击收藏夹栏左端的【收藏夹】按钮 ☆，则打开【收藏夹中心】窗格，在【收藏夹中心】窗格中单击【添加到收藏夹…】按钮，弹出【添加收藏】对话框，如图 3-21 所示，单击【添加】按钮即可将【吉林工商学院】网站链接添到收藏夹。

图 3-20　【吉林工商学院】首页

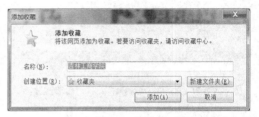

图 3-21　【添加收藏】对话框

（3）打开【收藏夹中心】可看到【吉林工商学院】网站链接，如图 3-22 所示。

图 3-22　添加网站链接后的【收藏夹中心】

【实验 3.2】设置 IE 浏览器

【实验内容】

（1）设置主页。

（2）管理历史记录。

（3）屏蔽网页不良信息。

（4）提高上网速度。

【实验步骤】

1. 在 IE 浏览器中，分别将【www.hao123.com】、【www.163.com】及【www.baidu.com】3 个站点设置为主页

（1）启动 IE 浏览器，在地址栏中输入网址【www.hao123.com】，然后按 Enter 键，打开 hao123

网址导航主页，如图 3-23 所示。

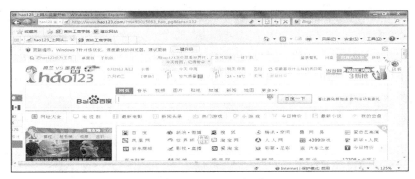

图 3-23　hao123 主页

（2）单击【主页】 按钮右边的 按钮，在弹出的菜单中选择【添加或更改主页】命令，如图 3-24 所示。

（3）打开【添加或更改主页】对话框，选中【将此网页添加到主页选项卡】单选按钮，然后单击【是】按钮，完成一个主页的设置，如图 3-25 所示。

图 3-24　选择【添加或更改主页】命令

图 3-25　【添加或更改主页】对话框

（4）按照同样的方法，添加另外两个主页。

（5）当用户单击【主页】按钮 时，将同时打开这三个网页。

2. 在 IE 浏览器中查看浏览器的历史记录

（1）启动 IE 浏览器，单击【收藏夹】按钮，在打开的面板中选择【历史记录】选项卡，单击下拉列表，选中【按站点查看】选项，如图 3-26 所示。

（2）此时在历史记录面板中将显示曾经访问过的网址的历史记录，单击其中的某个链接，即可打开该网页，如图 3-27 所示。

图 3-26　选中【按站点查看】选项

图 3-27　单击网址链接

3. 在 IE 浏览器中屏蔽网页不良信息

（1）启动 IE 浏览器，单击【工具】按钮，在弹出的下拉菜单中选择【Internet 选项】命令，如图 3-28 所示。

（2）打开如图 3-29 所示【Internet 选项】对话框，选择【内容】选项卡，单击【内容审查程序】区域的【启用】按钮，打开【内容审查程序】对话框。

图 3-28　选择【Internet 选项】命令　　　　　　　图 3-29　【Internet 选项】对话框

（3）在【分级】选项卡中，用户可在类别列表中选择要设置的审查内容，然后拖动下方的滑块来设置内容审查的类别，如图 3-30 所示。

（4）切换至【许可站点】选项卡，在该选项卡中，用户设置始终信任的站点和限制访问的站点。

（5）选择【常规】选项卡，选中【监护人可以键入密码允许用户查看受限制的内容】复选框后，单击【创建密码】按钮为分级审查功能设置密码，如图 3-31 所示。这样，不知道密码的用户将不能通过 IE 浏览器浏览这些内容。

4. 提高上网速度

（1）启动 IE 浏览器，单击【工具】按钮，在弹出的下拉菜单中选择【Internet 选项】命令，打开【Internet 选项】对话框。

（2）在【Internet 选项】对话框中，选择【高级】选项卡，在【设置】列表中取消选中【多媒体】选项组中的与动画、声音和视频相关的复选框，然后单击【确定】按钮完成设置，如图 3-32所示。

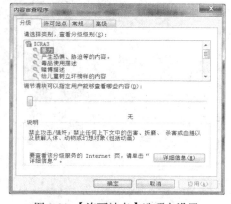
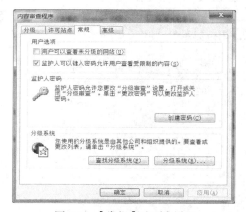

图 3-30　【许可站点】选项卡设置　　　　　　　图 3-31　【常规】选项卡设置

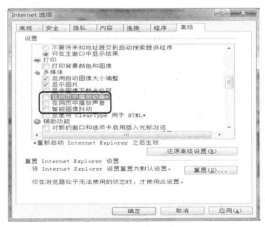

图 3-32 【Internet 选项】对话框

【实验 3.3】保存网页上的信息

【实验内容】

（1）保存当前网页。

（2）保存网页中的图片。

（3）保存网页中的部分文本信息。

【实验步骤】

1．保存当前网页

将【网易军事】页面以网页的形式保存到 E 盘下，文件名为【网页军事.htm】。

（1）启动 IE 浏览器，在地址栏输入【www.163.com】显示【网易】网站首页，用鼠标单击【新闻】栏下的【军事】超链接，打开【网易军事】页面。

（2）单击命令栏中的【页面】按钮，在弹出快捷菜单中选择【另存为】命令，如图 3-33 所示。

（3）在弹出的【保存网页】对话框中，首先在导航窗格中选择【本地磁盘(E:)】，然后在【文件名】框中输入文件名【网易军事】，并选择保存类型为【网页，仅 HTML】，单击【保存】按钮，如图 3-34 所示，即可将整个网页保存到本地磁盘中。

图 3-33 选择【另存为】命令

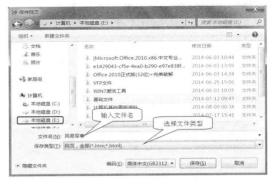

图 3-34 保存网页

2．保存网页中的图片

在【网易汽车】页面上的找到一个汽车图片，并将其以位图（BMP）文件格式保存到 E 盘下，文件名为【网易汽车】。

（1）打开【网易】首页，单击【汽车】超链接，打开【网易汽车】页面。

（2）选择一个汽车图片，在图片上单击鼠标右键，在弹出的快捷菜单中选择【图片另存为】选项，如图 3-35 所示。

（3）在弹出的【保存图片】对话框中，选择保存位置为【本地磁盘(E:)】，然后在【文件名】框中输入文件名【网易汽车】，并选择保存类型为【位图(*.bmp)】，单击【保存】按钮，如图 3-36 所示，即可将所选图片保存到本地磁盘中。

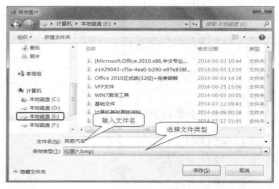

图 3-35　选择【图片另存为】命令　　　　　　图 3-36　【保存图片】对话框

3. 保存网页中的部分文本信息

将【网易军事】页面中一段新闻的文本信息保存在【E:\今日新闻.txt】文本文件中。

（1）打开【网易军事】页面，选中一段新闻文本信息，在选中的文本上单击鼠标右键，在弹出的快捷菜单中选择【复制】，如图 3-37 所示，将选中的文本信息复制到剪贴板上。

（2）打开【开始】|【所有程序】|【附件】|【记事本】程序窗口，如图 3-38 所示，在窗口编辑区单击鼠标右键，在弹出的快捷菜单中选择【粘贴】命令，即可将刚刚在网页中复制的文本信息粘贴到记事本中。

图 3-37　【复制】网页上的文本　　　　　　图 3-38　将文本粘贴至记事本

（3）在【记事本】窗口选择【文件】|【保存】命令打开【另存为】对话框，选择保存位置为【本地磁盘(E:)】，然后在【文件名】框中输入文件名【今日新闻】，单击【保存】按钮，即可将网页中的文本信息保存到文本文件中。

【实验 3.4】下载网络资源

【实验内容】

（1）下载软件。

（2）安装软件。

【实验步骤】

1. 使用【百度】搜索音乐播放软件【千千静听】，并将其下载到本地磁盘 E 中

（1）打开【百度】首页，在搜索框中输入【千千静听播放器下载】，单击【百度一下】按钮，则打开【千千静听播放器下载_百度搜索】页面，如图 3-39 所示。

（2）在搜索结果页面中选择一个下载网址超链接，则打开下载页面，如图 3-40 所示，单击【立即下载】按钮。

图 3-39　【千千静听播放器下载】搜索结果

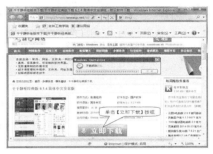

图 3-40　单击【立即下载】按钮

（3）系统即可自动打开【文件下载-安全警告】对话框，单击【保存】按钮，如图 3-41 所示。

（4）打开【另存为】对话框，在该对话框中选择保存位置为【本地磁盘(E:)】，然后在【文件名】框中输入文件名【千千静听】，然后单击【保存】按钮，如图 3-42 所示。

图 3-41　【安全警告】对话框

图 3-42　【另存为】对话框

（5）开始下载文件，并显示下载进度和下载完成所需时间，如图 3-43 所示。

图 3-43　下载进度

（6）下载完成后，打开【下载完闭】对话框，单击【关闭】按钮完成下载。

2. 安装【千千静听】音乐播放器

（1）打开【本地磁盘(E)】，找到并双击【千千静听.exe】文件图标，则弹出【打开文件-安全警告】对话框，如图3-44所示，单击【运行】按钮。

（2）打开【千千静听】安装向导对话框，单击【下一步】按钮，如图3-45所示。

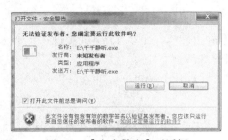

图3-44　【安全警告】对话框

图3-45　【千千静听】安装向导对话框

（3）在安装向导【选项】对话框中选择安装地址，需要注意的是在安装过程中有捆绑软件，在安装时注意选择，如图3-46所示，单击【开始安装】按钮，开始安装软件，并显示安装进度，如图3-47所示。

图3-46　选择安装目录

图3-47　显示安装进度

（4）安装完成前向导会推荐安装一些捆绑软件，用户可以根据需要选择是否安装，如图3-48所示，单击【下一步】按钮。

（5）显示安装向导的完成界面，如图3-49所示，选择【立即启动千千静听】复选框，单击【完成】按钮，则完成安装，并立即启动【千千静听】播放器。

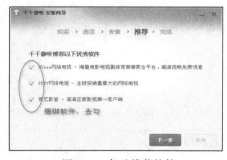

图3-48　勾选推荐软件

图3-49　完成安装

（6）【千千静听】播放器运行界面如图3-50所示。

图 3-50　【千千静听】播放器运行界面

【实验 3.5】使用 QQ 邮箱收发邮件

【实验内容】

（1）登录腾讯 QQ。

（2）使用 QQ 邮箱发送电子邮件。

（3）接收 QQ 邮箱中的电子邮件。

【实验步骤】

1. 登录腾讯 QQ

（1）双击桌面上的【腾讯 QQ】快捷图标或选择【开始】|【所有程序】| |【腾讯软件】|
【腾讯 QQ】命令，打开 QQ 的登录界面，在【账号】文本框中输入 QQ 号码，在【密码】文本框
中输入密码，如图 3-51 所示。

（2）输入完成后，按下 Enter 键或单击【登录】按钮，即可开始登录 QQ，登录成功后显示
QQ 的主界面，如图 3-52 所示。

图 3-51　QQ 登录界面

图 3-52　QQ 主界面

2. 使用 QQ 邮箱发送电子邮件

打开 QQ 邮箱，给任课教师和自己分别发送一封电子邮件，邮件内容为【自我介绍】，主题为

自己的班级、姓名和学号（如：会计 14401 王红 5 号），并将【实验 3.3】中保存到 E 盘的【网易军事.htm】网页文件添加到附件中一并发送。

（1）单击 QQ 主面板上的【QQ 邮箱】按钮，如图 3-53 所示。

（2）打开【QQ 邮箱】首页，如图 3-54 所示，单击邮箱左上方的【写信】 按钮，进入【QQ 邮箱-写信】页面。

图 3-53 【QQ 邮箱】按钮

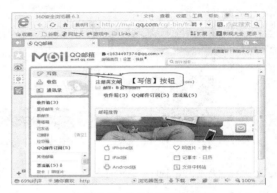

图 3-54 【QQ 邮箱】页面

（3）在【QQ 邮箱-写信】页面中输入收件人地址、以及邮件内容，如图 3-55 所示，并单击【添加附件】超链接打开【选择要上载的文件】对话框，如图 3-56 所示。

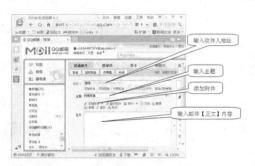

图 3-55 【QQ 邮箱-写信】页面

图 3-56 【选择要上载的文件】对话框

（4）在【选择要上载的文件】对话框中找到【E:\网易军事.htm】文件，单击【保存】按钮，即可上传附件文件，并返回【QQ 邮箱-写信】页面，如图 3-57 所示，检查无误后单击【发送】按钮，便可将邮件正文和附件文件一并发送给收件人。并显示【邮件发送成功】页面，如图 3-58 所示。

图 3-57 添加完附件的邮件编辑界面

图 3-58 邮件发送成功

3. 接收发给自己的电子邮件，并将附件文件【网易军事.htm】下载保存到 D 盘下

（1）打开邮箱，单击【收信】按钮，在打开的【QQ 邮箱-收件箱】页面中查看邮件列表，如图 3-59 所示，单击要阅读的邮件链接，即可打开邮件并阅读邮件内容。

（2）若要下载附件内容，则在邮件正文页面中单击【下载】超链接，如图 3-60 所示。

图 3-59 【收件箱】阅读邮件

图 3-60 下载附件

（3）打开【新建下载任务】对话框，在【下载到：】框中选择要保存文件的路径【D:\】，单击【下载】按钮，即可将附件中的【网易军事.htm】下载保存到 D 盘下，如图 3-61 所示。

图 3-61 【新建下载任务】对话框

四、能力测试

（1）启动 IE 浏览器，在 IE 浏览器中使用选项卡浏览模式浏览【腾讯】网站主页和【网易】的主页。

（2）使用【百度】搜索引擎查找【吉林大学】的主页，并将其添加到收藏夹。

（3）启动 IE 浏览器，打开网址为【www.sina.com.cn】的新浪网页，将该网页设置为 IE 主页。

（4）将【搜狐】网站的【读书】页面以文本文件的形式保存到 E 盘下，文件名为【搜狐读书.txt】。

（5）下载并安装【爱奇艺视频】影视播放软件。

（6）登录 QQ 邮箱进行如下操作：

① 利用自己的邮箱给自己发送一个邮件，主题为【自我勉励】，内容为【珍惜时间，努力学习】。

② 将（4）题中保存的【搜狐读书.txt】文件添加到附件中一并发送；

③ 把接收到的【搜狐读书.txt】文件下载保存到 D 盘上。

实验4
Word 2010 文档的编辑及格式设置

一、预备知识

Word 2010 是 Microsoft 公司开发的 Office 2010 办公组件之一，主要用于文字处理工作。Microsoft Word 2010 提供了出色的功能，其增强后的功能可创建专业水准的文档，用户可以更加轻松地与他人协同工作并可在任何地点访问用户的文件。Word 2010 旨在向用户提供最上乘的文档格式设置工具，利用它还可更轻松、高效地组织和编写文档。

1. Word 2010 的新功能

（1）改进的搜索与导航体验。在 Word 2010 中，可以更加迅速、轻松地查找所需的信息。利用改进的新"查找"体验，用户现在可以在单个窗格中查看搜索结果的摘要，并单击以访问任何单独的结果。改进的导航窗格会提供文档的直观大纲，以便于用户对所需的内容进行快速浏览、排序和查找。

（2）与他人协同工作，而不必排队等候。Word 2010 重新定义了人们可针对某个文档协同工作的方式。利用共同创作功能，用户可以在编辑论文的同时，与他人分享自己的观点。用户也可以查看正与自己一起创作文档的他人的状态，并在不退出 Word 的情况下轻松发起会话。

（3）几乎可从任何位置访问和共享文档。在线发布文档，然后通过任何一台计算机或用户的 Windows 电话对文档进行访问、查看和编辑。借助 Word 2010，用户可以从多个位置使用多种设备来尽情体会非凡的文档操作过程。

Microsoft Word Web App。当用户离开办公室、出门在外或离开学校时，可利用 Web 浏览器来编辑文档，同时不影响用户的查看体验的质量。

Microsoft Word Mobile 2010。利用专门适合于用户的 Windows 电话的移动版本的增强型Word，保持更新并在必要时立即采取行动。

（4）向文本添加视觉效果。利用 Word 2010，用户可以像应用粗体和下划线那样，将诸如阴影、凹凸效果、发光、映像等格式效果轻松应用到文档文本中。可以对使用了可视化效果的文本执行拼写检查，并将文本效果添加到段落样式中。现在可将很多用于图像的相同效果同时用于文本和形状中，从而使用户能够无缝地协调全部内容。

（5）将文本转换为醒目的图表。Word 2010 为用户提供用于使文档增加视觉效果的更多选项。从众多的附加 SmartArt&reg 图形中进行选择，从而只需键入项目符号列表，即可构建精彩的图表。使用 SmartArt 可将基本的要点句文本转换为引人入胜的视觉画面，以更好地阐释用户的观点。

（6）为用户的文档增加视觉冲击力。利用 Word 2010 中提供的新型图片编辑工具，可在不使用其他照片编辑软件的情况下，添加特殊的图片效果。用户可以利用色彩饱和度和色温控件来轻松调整图片。还可以利用所提供的改进工具来更轻松、精确地对图像进行裁剪和更正，从而有助于用户将一个简单的文档转化为一件艺术作品。

（7）恢复用户认为已丢失的工作。在某个文档上工作片刻之后，用户是否在未保存该文档的情况下意外地将其关闭？没关系，利用 Word 2010，用户可以像打开任何文件那样轻松恢复最近所编辑文件的草稿版本，即使用户从未保存过该文档也是如此。

（8）跨越沟通障碍。Word 2010 有助于用户跨不同语言进行有效地工作和交流。比以往更轻松地翻译某个单词、词组或文档。针对屏幕提示、帮助内容和显示，分别对语言进行不同的设置。利用英语文本到语音转换播放功能，为以英语为第二语言的用户提供额外的帮助。

（9）将屏幕截图插入到文档。直接从 Word 2010 中捕获和插入屏幕截图，以快速、轻松地将视觉插图纳入用户的工作中。如果使用已启用 Tablet 的设备（如 Tablet PC 或 Wacom Tablet），则经过改进的工具使设置墨迹格式与设置形状格式一样轻松。

（10）利用增强的用户体验完成更多工作。Word 2010 可简化功能的访问方式。新的 Microsoft Office Backstage 视图将替代传统的"文件"菜单，从而用户只需单击几次鼠标即可保存、共享、打印和发布文档。利用改进的功能区，可以更快速地访问用户的常用命令，方法为：自定义选项卡或创建用户自己的选项卡，从而使用户的工作风格体现出用户的个性化经验。

2. 文档的管理

（1）创建新的 Word 2010 文档。

首先打开 Word 2010，在【文件】选项卡下选择【新建】选项，在右侧单击【空白文档】按钮，再单击【创建】按钮，就可以成功创建一个空白文档。

利用 Word 提供的特定模板建立新文档。在【文件】选项卡下选择【新建】选项，在【可用模板】选项下按不同类别列出了 Word 提供的一些预先设计的模板供用户选择。根据所编辑文件的类型，在【可用模板】选项下的列表中选择适当的模板，系统将依据模板自动建立具有基本框架和套用样板的新文档。

（2）输入正文。刚启动 Word 时，系统会自动打开一个名为"文档1"的空白文档。在文档工作区的插入点处可以输入字符，随着文本的录入，插入点的位置也不断地向右移动，当到达页面的最右端时，Word 会自动将插入点移到下一行。

（3）保存文档。对文档的编辑或排版都只是在 Word 环境下进行的，并没有将真正编排后的文档写到磁盘上，所以在完成编辑工作后，必须将文档保存到磁盘上供以后使用。保存文件的操作可以分为以下几种类型。

① 保存新文档

在第一次保存文档时必须给文档起名，并且确定其存放的位置，以便以后查找。在【文件】选项卡下选择【保存】选项。出现【另存为】对话框，在弹出对话框中选择保存的路径作为保存位置。修改文件名，Word 会根据文档第一行的内容，自动给出文件名，用户可以输入一个新文件名取代它，如"练习.docx"。在【保存类型】下拉列表框中选择【Word 文档】选项，然后单击【保存】按钮，则该文档就以"练习.docx"为文件名保存到指定的文件夹中了。

② 保存已有文档

对于已命名并保存过的文档，只要随时单击【保存】按钮▣，或者在【文件】选项卡下选择【保存】选项，系统就会自动将当前文档保存到同名文档中，不再显示【另存为】对话框。一般 Word 2010 为了文本的安全，会预先设置【自动保存时间间隔】，根据时间间隔，例如每隔 10 分

钟将所编辑的文本自动保存一次。可以依次单击【文件】|【选项】命令，在打开的【Word选项】对话框中切换到【保存】选项卡，在【保存自动恢复信息时间间隔】编辑框中设置合适的数值，并单击【确定】按钮，设置自动保存时间间隔。

③ 另存文件

当要改变现有文档的名字、目录或文件格式时，可在【文件】选项卡下选择【另存为】选项，这时系统也会打开【另存为】对话框，输入文件名并选择相应文件夹后单击【保存】命令，系统会在指定位置创建一个新的文件。

（4）关闭文档。文本输入完毕，在【文件】选项卡下单击【关闭】选项，或者单击标题栏右边的【×】关闭窗口按钮，关闭当前文档。如果在退出之前，对文档做了修改，系统会弹出一个提示框询问是否保存对文档的修改，若单击【保存】按钮，即可保存并关闭该文件。如果要放弃本次修改工作则单击【不保存】按钮，文件将直接退出并保持最后一次保存时的状态。如果单击【取消】按钮，则返回到文本当前编辑状态中。

（5）打开文档。在【文件】选项卡下单击【打开】选项，打开【打开】对话框，在【查找范围】下拉列表框中选择文件所在的文件夹，然后在列表框中双击文件名，或直接在【文件名】文本框中输入文件名，再单击【打开】按钮，便可打开要编辑的文件。

3．文档的编辑

文档的编辑是Word 2010的核心部分，包括对文档进行的插入、删除、选择、替换、移动、复制等编辑工作。只要学会了打字，再掌握一些编辑操作方法，就可以灵活、高效地处理文字了。文档编辑遵循的原则是"先选定，后操作"。

（1）选择文本。在Word 2010中，如果要编辑文档，首先应该选定要操作的文字。

（2）插入字符或符号。将光标移动到想插入字符的位置，然后输入字符，输入的字符就会出现在光标的前面。如果在文档输入的过程中想插入一些符号，如标点符号、拼音等，可以单击【插入】|【符号】|【其他符号】选项，打开【符号】对话框，选择【符号】选项卡，选择要插入的符号，然后单击【插入】按钮，要插入的符号就会出现在光标的前面，最后单击【关闭】按钮。

（3）移动和复制。在编辑过程中经常需要对一段文本进行移动或复制操作，这些操作都要涉及一个非常重要的工具——剪贴板。剪贴板是内存中的一块存储区域（称为系统剪贴板），在进行移动或复制操作时，先将选定的内容【复制】或【剪切】到剪贴板中，然后再将其粘贴到插入点所在位置。其实不仅文字，图形对象也可以放到剪贴板中，剪贴板成为文档中和文档间交换多种信息的中转站。

（4）移动文本或图形。当要移动文本或图形时，先选定这个对象，然后选择【开始】|【剪切】选项，或按Ctrl+X组合键，都可以将要移动的文本或图形放到剪贴板上。再将光标移到指定位置，然后选择【开始】|【粘贴】选项，或按Ctrl+V组合键，即可将文本或图形移到指定位置。如果移动距离不大，也可以先选定移动的对象，然后用鼠标左键直接将选定的文本或图形拖动到目标位置。

（5）复制文本或图形。在编辑过程中也常有一些对象要复制，以便将来把它粘贴到其他需要的地方。先选定这个对象，然后选择【开始】|【复制】选项，或按Ctrl+C组合键，于是这个对象被复制到剪贴板上，并且该对象还保留在原位置。再将光标移到指定位置，然后选择【开始】|【粘贴】选项，或按Ctrl+V组合键，即可将文本或图形复制到指定位置。也可以先选定要复制的对象，然后按住Ctrl键的同时，用鼠标左键将选定的文本或图形拖动到目标位置。

（6）删除文字或图形。将光标移至要删除的对象之后，使用Back Space键可以删除插入点前

面的对象；用 Delete 键可以删除插入点后面的对象。如果用键盘上的删除键，则选定的文字将被永久删除；如果选定要删除的对象后，选择【开始】|【剪切】选项，则选中的对象从文档中被删除而保存在剪贴板上，以后还可以将它粘贴到需要的位置上。

（7）撤销和重复。在编辑过程中，Word 会自动记录下刚刚执行过的命令，这种存储功能可以撤销刚才的操作，恢复操作前的状况。如果选择【撤销】 ![按钮]按钮，可撤销刚才的操作。如果单击它旁边的下三角按钮，会显示一个下拉列表框，其中由近到远记录了以前的各种操作，选择要撤销的操作，就可以将文档恢复起来。也可以选择【重复】 ![按钮]按钮，用【重复】功能来恢复刚撤销的操作。

（8）查找和替换。可以使用 Word 2010 提供的【查找和替换】功能在一篇文档中快速地查找或替换某些字符。选择【开始】|【替换】选项，弹出【查找和替换】对话框，选择【查找】选项卡，在【查找内容】文本框中输入要查找的内容或选择列表框中最近用过的内容，单击【查找下一处】按钮开始查找，搜索字符。再单击【查找下一处】按钮，会继续往下找，直到屏幕显示"Word 已到达文档的结尾处，是否继续从开始处搜索"。如果需要进行更高级的查找，则单击【查找和替换】对话框中的【更多】按钮，在下方会显示多项设置。

如果要替换字符，可以选择【替换】选项卡，在【查找内容】下拉列表框中输入替换之前的内容，在【替换为】下拉列表框中输入新内容，然后单击【替换】按钮，在此情况下系统每找到一处，需要用户确认替换，再查找下一处。如果单击【全部替换】按钮，则 Word 2010 自动替换全部需替换的内容。

4．文档的排版

为了使文档格式美观、内容重点突出，方便阅读，可以对文档进行格式编排。文档排版包括：设置字符格式、设置段落格式、页面排版、高级排版等。

（1）字符格式。在一个文档中，不同地方出现的文本会有不同的格式，例如，标题和正文的字体不同，不同级别标题的字体也不同。因此需要对文字设置不同的字符格式。字符格式的设置主要包括设置字体、字号、字形。

① 使用选择【开始】，在【字体】中设置。可以设置一些字符格式，设置字符格式，遵循"先选定，后操作"的原则。先选定字符，然后单击下拉列表框 ![宋体]，在下拉列表框中选择需要的字体，再单击【字号】下拉列表框，选择相应的字号。如果想设置粗体、斜体、加各种下划线等，可直接通过【粗体】按钮 ![B]、【斜体】按钮 ![I]、【各种下划线】按钮 ![U]实现，如果单击 ![A]按钮，在下拉列表框中列出的各种颜色中，可设置选定字符的颜色。使用【字符边框】按钮 ![A]和【字符底纹】按钮 ![A]，可以为字符设置默认的边框和底纹效果。单击【字符缩放】按钮 ![A]可以使选中的文字放大或缩小。

② 使用【字体】对话框进行综合设置。如果要对字符格式做更高级的设置，选择【开始】，在【字体】中单击【显示"字体"对话框】按钮 ![]，在【字体】对话框中可以设置中西文字体、字形、字号、字体颜色、下划线、着重号以及其他效果。在下面的【预览】框中可以看到设置后的效果。在【字体】对话框中，选定【高级】选项卡，可以设置字符大小、间距、上下位置。选择【文字效果】，可以设置所选定的文字动态效果，在【字体】对话框中设置完成后，单击【确定】按钮。

（2）段落格式。段落是由任意数量的文字、图形和其他对象组成的自然段，最后面是段落标记【↵】。段落标记不但表示段落的结束，同时记录并保存该段落的格式编排信息。段落格式编排，主要是设置段落的对齐方式、缩进方式、段落间距、行间距、边框、底纹等。

① 段落对齐方式。Word 2010 提供了两端对齐、居中对齐、右对齐、分散对齐、左对齐等对齐方式，分别对应【开始】选项卡的【段落】分组中的 5 个按钮 ▤ ▤ ▤ ▤ ▤。

② 调整行距与段落间距。行距指相邻两行之间的距离，通常根据文本的字体大小自动调整行距。段落间距指相邻两个段落之间的距离。设置时可以选择【开始】，在【段落】中单击【段落对话框】按钮，打开【段落】对话框，在【段落】对话框中可以调整行距与段落间距。选择【缩进和间距】选项卡，在【间距】区域中，可选择【段前】、【段后】和【行距】，并在相应的文本框内输入磅值，也可用微调按钮设置。在【行距】下拉列表框中可选择【单倍行距】、【1.5 倍行距】、【2 倍行距】、【最小值】、【固定值】、【多倍行距】选项。【最小值】选项除了一般特定的最小高度外，还可自动调整高度，以容纳较大字体或图形；【固定值】选项是指设置成固定行距；【多倍行距】选项允许行距以任何百分比增减。

③ 项目符号和编号。在文档编辑过程中，有时需要在段落前面加项目符号和编号以使文档层次更清楚。Word 2010 插入编号的方法很简单，选择【开始】，在【段落】中单击▤按钮，于是自动换行，并在行首加上序号，以后每起一段，系统自动增加一个序号。不再使用序号时，再单击该按钮，序号取消。插入项目符号，选择【开始】，在【段落】中单击【项目符号】下拉三角按钮，在项目符号库中，选取项目符号，即可完成项目符号的添加。

（3）设置边框和底纹。为了使页面美观、重点突出，用户需要对某些文字加上边框或底纹来进行修饰。首先选中相应的文字，选择【页面布局】，在【页面设置】中单击【页面设置对话框】按钮，在【页面设置】对话框中选择【版式】选项卡，在下面单击【边框】按钮，打开【边框和底纹】对话框。

选择【边框】选项卡，可以在【设置】选项组中选择边框格式，在【样式】列表框中选择边框的线型，在【颜色】下拉列表框中选择边框颜色，在【宽度】下拉列表框中选择边框线条的宽度。在选项卡的右面可以预览到边框的效果。

选择【底纹】选项卡，可以设置边框或所选文本的底纹。在【填充】选项组中选定填充色，然后在【样式】下拉列表框中选定底纹的样式，单击【确定】按钮，就完成了边框和底纹的设置。

（4）首字下沉。在编辑文稿尤其是在编辑报刊时，为了突出文章的篇首，常常将文档的第 1 个字变大一些，达到图形化的目的，可以用"首字下沉"实现这一功能。首先将插入点移至需要首字下沉的段落中，然后选择【插入】，在【文本】中选择【首字下沉】中的首字下沉选项，打开【首字下沉】对话框，在对话框中设置首字下沉位置，如下沉、悬挂；选择首字字体、下沉行数等参数。单击【确定】按钮，就完成了首字下沉的设置。

（5）页面排版。页面的格式直接影响到文章的打印效果，因此对文章需要以页为单位进行整体的调整。页面排版主要包括：页面设置、页眉和页脚设置、分栏等。

① 页面设置。页面设置主要包括设置纸张大小、页码、页边距等。通过单击【页面布局】选项卡中页面设置分组中的【页面设置】按钮，打开【页面设置】对话框就可以进行页面设置了。

② 设置页眉和页脚。在书籍的排版中，页眉和页脚常打印在文档中每页的顶部或底部。页眉和页脚通常包括书名、章节名、页码、作者、创建日期、创建时间及图形等。在整个文档中，可以有相同的页眉和页脚，也可以首页页眉和页脚不同，或者奇数页是一种页眉和页脚形式，偶数页是另一种页眉和页脚形式。

创建文档的页眉和页脚可以通过选择【插入】，在【页眉和页脚】中选择【页眉】或【页脚】，用户可以分别在【页眉】或【页脚】窗口中插入相应的页码、章节号、标题或图形。若要编辑已有的页眉或页脚，单击【页眉和页脚工具】，只要在一页"页眉和页脚"的窗口中做了修改，Word

会自动对整个文档中的页眉或页脚进行相同的修改。如果只想修改文档中某部分的页眉或页脚，可将文档分成节并断开各节间的连接。

③ 分栏。在编辑期刊杂志时，常常将一段文字分为几栏并排打印，利用 Word 可以方便、快速地实现分栏操作。可用【分栏】命令创建分栏版式；若想创建不等宽的分栏版式或者在栏与栏之间加上分隔线，可先选定要分栏的文字，再选择【页面布局】，在【页面设置】中选择【分栏】中的更多分栏选项，打开【分栏】对话框。在【栏数】文本框中选定应分的栏数以及栏宽、间距等，然后单击【确定】按钮，所选文字便会按你的期望自行分栏。若要取消分栏，只要将选择框的【栏数】文本框中设为 1 栏就可以了。

二、实验目的

（1）掌握 Word 2010 的启动和退出。
（2）了解 Word 2010 的窗口组成。
（3）熟练掌握 Word 2010 文档的建立、保存、打开与关闭的方法。
（4）熟练掌握 Word 2010 文档的输入方式。
（5）重点掌握 Word 2010 文档的基本编辑操作。
（6）重点掌握 Word 2010 文档的格式设置。

三、实验内容及步骤

【实验 4.1】学习 Word 2010 的启动和退出方法

【实验内容】

（1）Word 2010 的启动。
（2）Word 2010 的退出。

【实验步骤】

1. Word 2010 的启动有以下 3 种常用方法
（1）执行【开始】|【所有程序】|【Microsoft Office】|【Microsoft Office Word 2010】命令。
（2）双击桌面上的 Word 快捷图标，打开 Word 应用程序窗口。
（3）在计算机或资源管理器中，双击任意一个 Word 文档（扩展名为.docx），就可以启动 Word 2010 应用程序。

2. Word 2010 的退出有以下 4 种常用方法
（1）选择【文件】选项卡中的【退出】命令。
（2）双击 Word 2010 窗口中标题栏左侧控制菜单图标，可关闭 Word 2010。
（3）单击标题栏右侧的【关闭❎】按钮。
（4）按 Alt+F4 组合键可关闭 Word 2010。
【实验 4.2】熟悉 Word 2010 窗口界面的组成

【实验内容】

熟悉 Word 2010 窗口的界面的组成

【实验步骤】

进入 Word 后，Word 窗口如图 4-1 所示。

（1）标题栏：显示正在编辑的文档的文件名以及所使用的软件名。右侧的按钮分别用于控制窗口的最小化、最大化、还原和关闭。

（2）【文件】选项卡：基本命令位于此处，例如【新建】、【打开】、【关闭】、【另存为】和【打印】等，如图 4-2 所示。

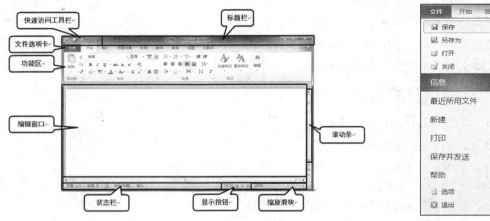

图 4-1　Microsoft Word 2010 的工作窗口　　　　　　　　图 4-2　【文件】选项卡

（3）快速访问工具栏：常用命令位于此处，例如【保存】和【撤销】等。用户也可以添加个人常用命令。

（4）功能区：【功能区】是水平区域，就像一条带子，启动 Word 后分布在 Office 软件的顶部。用户工作所需的命令将分组在一起，且位于选项卡中，如【开始】和【插入】等。用户可以通过单击选项卡来切换显示的命令集。工作时需要用到的命令位于此处。它与其他软件中的【菜单】或【工具栏】相同。

①【开始】功能区。【开始】功能区中包括剪贴板、字体、段落、样式和编辑五个组，该功能区主要用于帮助用户对 Word 2010 文档进行文字编辑和格式设置，是用户最常用的功能区，如图 4-3 所示。

图 4-3　【开始】功能区

②【插入】功能区。【插入】功能区包括页、表格、插图、链接、页眉和页脚、文本、符号和特殊符号几个组，主要用于在 Word 2010 文档中插入各种元素，如图 4-4 所示。

图 4-4　【插入】功能区

③【页面布局】功能区。【页面布局】功能区包括主题、页面设置、稿纸、页面背景、段落、排列几个组，用于帮助用户设置 Word 2010 文档页面样式，如图 4-5 所示。

图 4-5 【页面布局】功能区

④【引用】功能区。【引用】功能区包括目录、脚注、引文与书目、题注、索引和引文目录几个组，用于实现在 Word 2010 文档中插入目录等比较高级的功能，如图 4-6 所示。

图 4-6 【引用】功能区

⑤【邮件】功能区。【邮件】功能区包括创建、开始邮件合并、编写和插入域、预览结果和完成几个组，该功能区的作用比较专一，专门用于在 Word 2010 文档中进行邮件合并方面的操作，如图 4-7 所示。

图 4-7 【邮件】功能区

⑥【审阅】功能区。【审阅】功能区包括校对、语言、中文简繁转换、批注、修订、更改、比较和保护几个组，主要用于对 Word 2010 文档进行校对和修订等操作，适用于多人协作处理 Word 2010 长文档，如图 4-8 所示。

图 4-8 【审阅】功能区

⑦【视图】功能区。【视图】功能区包括文档视图、显示、显示比例、窗口和宏几个组，主要用于帮助用户设置 Word 2010 操作窗口的视图类型，以方便操作，如图 4-9 所示。

图 4-9 【视图】功能区

⑧【加载项】功能区。【加载项】功能区包括菜单命令一个分组，加载项是可以为 Word 2010 安装的附加属性，如自定义的工具栏或其他命令扩展。【加载项】功能区则可以在 Word 2010 中添

加或删除加载项，如图 4-10 所示。

图 4-10 【加载项】功能区

（5）【编辑】窗口：显示正在编辑的文档。

（6）【显示】按钮：可用于更改正在编辑的文档的显示模式以符合用户的要求。

（7）滚动条：可用于更改正在编辑的文档的显示位置。

（8）缩放滑块：可用于更改正在编辑的文档的显示比例设置。

（9）状态栏：显示正在编辑的文档的相关信息。

【实验 4.3】文档的建立、保存、关闭和打开

【实验内容】

（1）文档的建立。

（2）文档的保存。

（3）文档的关闭。

（4）打开文档。

【实验步骤】

1. 新建一个空白文档，设置自己熟悉的中文输入法，并输入以下文字

（1）首先打开 Word 2010，在【文件】选项卡下选择【新建】选项，在右侧单击【空白文档】按钮，再单击【创建】按钮，就可以成功创建一个空白文档，如图 4-11 所示。

图 4-11 新建空白文档

（2）选择自己熟悉的输入法输入如下内容，输入文字一般在插入状态下进行。在输入文本时，不用每行都用 Enter 键来换行，因为 Word 2010 有自动换行的功能，因此只有在段落结束时再使用 Enter 键换行。如果在编辑中，出现了误操作，或操作错误，使用【撤销】按钮或 Ctrl+Z 组合键撤销错误的操作。

文档内容：

有人安于某种生活，有人不能。因此能安于自己目前处境的不妨就如此生活下去，不能的只好努力另找出路。你无法断言哪里才是成功的，也无法肯定当自己到达了某一点之后，会不会快

乐。有些人永远不会感到满足，他的快乐只建立在不断地追求与争取的过程之中，因此他的目标不断地向远处推移。这种人的快乐可能少，但成就可能大。

一个人的处境是苦是乐常是主观的。

苦乐全凭自己判断，这和客观环境并不一定有直接关系，正如一个不爱珠宝的女人，即使置身在极其重视虚荣的环境，也无伤她的自尊。拥有万卷书的穷书生，并不想去和百万富翁交换钻石或股票。满足于田园生活的人也并不羡慕任何学者的荣誉头衔，或高官厚禄。

他的爱好就是他的方向，他的兴趣就是他的资本，他的性情就是他的命运。

2. 以"实验 4.docx"为文件名保存在 E 盘上

（1）文本输入结束后，在【文件】选项卡下选择【保存】选项，如图 4-12 所示。

图 4-12　【文件】选项卡下选择【保存】选项

（2）出现【另存为】对话框，在弹出对话框中选择保存的路径，选择【E 盘】作为保存位置。修改文件名，在【文件名】下拉列表框中输入"实验 4"，在【保存类型】下拉列表框中选择【Word文档】选项，然后单击【保存】按钮即可，如图 4-13 所示。

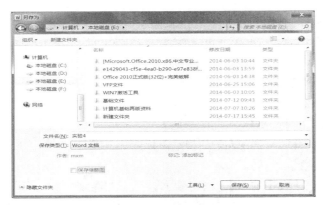

图 4-13　保存文档文件

3. 关闭所建立的文档

在【文件】选项卡下单击【关闭】选项，或者单击标题栏右边的【✕】关闭窗口按钮，关闭当前文档。

4. 打开"实验 4.docx"文档

（1）在【文件】选项卡下单击【打开】选项，打开【打开】对话框，如图 4-14 所示。

图 4-14　打开文档

（2）在【查找范围】下拉列表框中选择【E 盘】，然后在出现的文件列表中选择" 实验 4"，单击【打开】按钮打开文档。

（3）或者在【文件】选项卡下单击【最近所用文件】选项，列出了最近使用的文档，单击"实验 4"文件名，打开文档。

【实验 4.4】文档的基本编辑操作

【实验内容】

（1）插入文本。

（2）选中指定的文本。

（3）移动、复制和删除文本。

（4）插入特殊符号。

（5）插入日期和时间。

（6）文字的查找和替换。

【实验步骤】

打开"实验 4.docx"，对文本进行如下编辑操作：

1. 在文档的开头插入一行标题"境由心造"

把光标定位在文章开始的"有人安于某种生活"的左边，输入"境由心造"，然后按 Enter 键换行即可完成标题的插入。

2. 选中指定的文本

（1）选中正文中第 1 行中的"因此"一词。

将光标定位在"因此"一词的左边，拖动鼠标选中"因此"一词，或者在"因此"一词上双击鼠标，也可选中"因此"一词。

（2）选中第 1 段第 1 行中的"有人安于某种生活"的连续文本。

用鼠标拖动的方法选中文本。或者用 Shift 键配合鼠标的方法选中文本。

（3）选中文档的第 1 段第 2 行中的"你无法断言哪里才是成功的，也无法肯定当自已到达了某一点之后，会不会快乐。"整个句子。

按住 Ctrl 键，在要选中文本的任意位置单击鼠标选中整个句子。

（4）选中文档中的第 1 行文字。将鼠标指针移动到第 1 行文本左边的文本选定区域，此时鼠标指针变成指向右上方的空心箭头形状时，单击鼠标，选择该行文本。

（5）选中文档中的第 3 段文字。将鼠标指针移到第 3 段文本的左边的文本选定区域，当鼠标指针变成指向右上方的空心箭头形状时，双击鼠标，选择该段落；或者在第 3 段任意位置三击鼠标左键。

（6）选中文档的全部文本。将鼠标指针移到文本编辑区的左边的文本选定区域，当鼠标指针变成指向右上方的空心箭头形状时，三击鼠标，可以选择全部文本；或者【开始】|【选择】|【全选】选项，也可以选择全部文本；或者使用 Ctrl+A 组合键，也可以选择全部文本。

3．移动、复制和删除文本

（1）将正文的第 1 段和第 2 段互换。

① 选定文档的第 1 段文本，选择【开始】|【剪切】选项，或者按 Ctrl+X 组合键，将选定的内容剪切到剪贴板上。

② 将光标定位在第 2 段文本之后，并按 Enter 键，在当前光标处选择【开始】|【粘贴】选项，或者按 Ctrl+V 组合键，把剪贴板上的内容粘贴到当前光标位置，即可完成第 1 段和第 2 段的互换。

（2）复制正文的第 2 段至文档末尾。

① 选定文档的第 2 段文本，选择【开始】|【复制】选项，或者按 Ctrl+C 组合键，将选定的内容复制到剪贴板上。

② 将光标定位在文档的末尾，并按 Enter 键，在当前光标处选择【开始】|【粘贴】选项，或者按 Ctrl+V 组合键，把剪贴板上的内容粘贴到当前光标位置，即可把第 2 段复制到文档的末尾。

（3）删除文档的最后一段（刚刚复制的那段文字）。

选定文档的最后一段，按 Delete 键，即可删除选定文本。

4．在正文第 1 段前添加符号【★】

将光标定位在第 1 段的段首，单击【插入】|【符号】|【其他符号】选项，打开【符号】对话框。选择【符号】选项卡，字体选择【Wingdings】，再选择符号【★】单击【插入】按钮或双击符号【★】，如图 4-15 所示，即可在第 1 段前插入符号【★】

5．在文档的末尾插入创建文档的当前日期和时间

（1）将光标定位在文档的末尾，单击【插入】|【日期和时间】选项，打开【日期和时间】对话框，如图 4-16 所示。

（2）在【日期和时间】对话框中选择如图所示的日期和时间格式，单击【确定】按钮即可插入日期和时间。

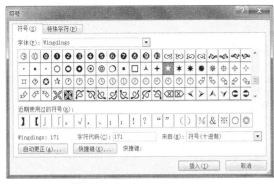

图 4-15　插入特殊符

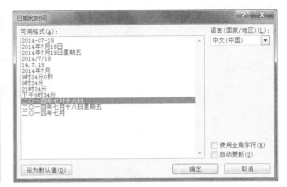

图 4-16　【日期和时间】对话框

6．将文档最后一段中的所有"他"字替换为"你"字

（1）选择最后一段文字，选择【开始】|【替换】选项，打开【查找和替换】对话框。

（2）在【查找内容】文本框中输入"他"，在【替换为】文本框中输入"你"，如图 4-17 所示，而后单击【全部替换】按钮，即可把最后一段中的所有" 他"字替换成"你"字。

图 4-17　【查找和替换】对话框

【实验 4.5】对文档的格式进行设置

【实验内容】

（1）设置字符格式。

（2）页面设置。

（3）设置段落格式。

（4）添加边框和底纹。

（5）添加项目符号。

（6）设置首字下沉。

（7）设置分栏。

（8）设置页眉、页脚。

（9）保存文档。

【实验步骤】

1. 字符格式设置

将文档中的标题"境由心造"字体设置为华文彩云、三号字、深红色，字符间距设置为加宽 6 磅、文字提升 6 磅、加着重号；将正文的字体设置为隶书、四号。

（1）标题格式设置。

① 选定标题行"境由心造"，选择【开始】，在【字体】中单击【显示'字体'对话框】按钮 ，如图 4-18 所示。

图 4-18　显示【字体】对话框

② 打开【字体】对话框，选择【字体】选项卡，在【中文字体】下拉列表框中选择【华文彩云】。在【字号】下拉列表框中选择【三号】。在【所有文字】区域的【字体颜色】下拉列表框

中选择【深红色】，在【着重号】下拉列表框中选择"·"，如图 4-19 所示。

　　③ 在此对话框中打开【高级】选项卡，在【间距】下拉列表框中选择【加宽】，在【磅值】数值框中输入 6 磅。在【位置】下拉列表框中选择【提升】，在【磅值】数值框中输入 6 磅，如图 4-20 所示。

图 4-19　【字体】选项卡

图 4-20　【高级】选项卡

　　（2）正文格式设置。选定除标题以外的正文，选择【开始】，在【字体】中进行格式设置，在【字体样式】下拉列表框中选择【隶书】，在【字号】下拉列表框中选择【四号】，如图 4-21 所示。

图 4-21　字体格式设置

　　2. 页面设置

　　将文档的上下边距均设置为 2 厘米，左右边距均设置为 2.5 厘米，装订线 1 厘米，装订线位置在上方；将纸张大小设置为 B5；设置页眉距边界 1 厘米，页脚距边界 1.2 厘米；设置每页 25 行，每行 30 个字。

　　（1）页边距设置。选择【页面布局】，在【页面设置】中单击【页面设置对话框】按钮，在【页面设置】对话框的【页边距】选项卡中设置上、下边距为 2 厘米，左、右边距为 2.5 厘米，装订线设置为 1 厘米，装订线的位置为【上】，在预览区的【应用于】下拉列表框中选择【整篇文档】，如图 4-22 所示。

　　（2）选择【纸张】选项卡，设置纸张大小为【B5(JIS)】，在预览区的【应用于】下拉列表框中选择【整篇文档】，如图 4-23 所示。

　　（3）选择【版式】选项卡，设置页眉距边界 1 厘米，页脚距边界 1.2 厘米，在预览区的【应用于】下拉列表框中选择【整篇文档】，如图 4-24 所示。

　　（4）选择【文档网格】选项卡，在网格区域选择【指定行和字符网格】单选按钮，字符区域每行设置为 30，行区域每页设置为 25，在预览区的【应用于】下拉列表框中选择【整篇文档】，如图 4-25 所示。

图 4-22 【页边距】选项卡

图 4-23 【纸张】选项卡

图 4-24 【版式】选项卡

图 4-25 【文档网格】选项卡

（5）当所有选项卡都设置完之后，单击【确定】按钮即可完成页面设置。

3．段落设置

将文档的第 1 行标题设置为居中对齐；将正文设置为两端对齐、首行缩进 2 个汉字、段前间距 0.3 行、段后间距 0.2 行、行间距为固定值 20 磅。

（1）选定第 1 行标题，选择【开始】，在【段落】中可以选择【居中对齐】 ≡，即可把标题设置为居中对齐。

（2）选定正文，选择【开始】，在【段落】中单击【段落对话框】按钮，打开【段落】对话框。选择【缩进和间距】选项卡，如图 4-26 所示。在【常规】区域的【对齐方式】下拉列表框中选择【两端对齐】；在【缩进】区域的【特殊格式】下拉列表框中选择【首行缩进】，在【磅值】数值框中输入【2 字符】；在【间距】区域的【段前】和【段后】数值框中分别输入【0.3 行】和【0.2 行】；在【行距】下拉列表中选择【固定值】，在【设置值】微调框中输入【20 磅】。设置完成后，单击【确定】按钮。

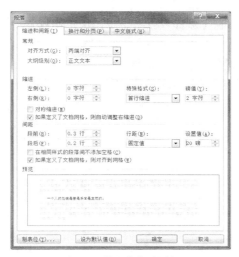

图 4-26 【段落】对话框

4. 边框和底纹

将标题加三维型边框、线条粗细为 3 磅，颜色为浅蓝色；将正文的第 3 段加淡蓝色 5%底纹；为文档设置页面边框，线型为单实线，线条粗细为 1 磅，颜色为绿色，并取消上方边框。

（1）选中第 1 行标题，选择【页面布局】，在【页面设置】中单击【页面设置对话框】按钮，在【页面设置】对话框中选择【版式】选项卡，在下面单击【边框】按钮，如图 4-27 所示。打开【边框和底纹】对话框，选择【边框】选项卡，在设置区域选择【三维】，颜色选择【浅蓝色】，宽度选择【3 磅】，【应用于：】的范围选择【文字】，单击【确定】按钮完成边框的设置，如图 4-28 所示。

图 4-27 【版式】选项卡中单击【边框】按钮

图 4-28 添加边框

（2）选中正文的第 3 段，选择【页面布局】，在【页面设置】中单击【页面设置对话框】按钮，在【页面设置】对话框中选择【版式】选项卡，在下面单击【边框】按钮，打开【边框和底纹】对话框，选择【底纹】选项卡，填充颜色选择【浅蓝】，图案样式选择【5%】，单击【确定】按钮完成底纹的设置，如图 4-29 所示。

（3）选择【页面布局】，在【页面设置】中单击【页面设置对话框】按钮，在【页面设置】对话框中选择【版式】选项卡，在下面单击【边框】按钮，打开【边框和底纹】对话框。选择【页面边框】选项卡，在设置区域选择【方框】，样式选择【单实线】，宽度选择【1磅】，颜色选择【绿色】，在预览区域用鼠标单击上边框按钮 或者图示中的上边框线，即可取消上方边框，单击【确定】按钮完成页面边框的设置，如图4-30所示。

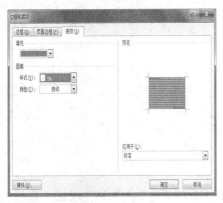

图4-29　添加底纹

图4-30　设置页面边框

5. 将正文的第3段和第4段增加项目符号◆

选中正文第3段和第4段文字，选择【开始】，在【段落】中单击【项目符号】下拉三角按钮，在【项目符号库】中，选取项目符号◆，即可完成项目符号的添加，如图4-31所示。

6. 将正文第2段设置为【首字下沉】，下沉三行

选取正文第2段，选择【插入】，在【文本】中选择【首字下沉】中的首字下沉选项，打开【首字下沉】对话框，位置选择【下沉】，下沉行数为3行，单击【确定】按钮完成首字下沉的设置，如图4-32所示。

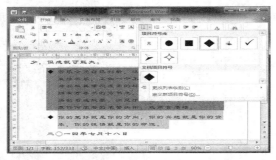

图4-31　添加项目符号

图4-32　设置首字下沉

7. 将正文第3段分为等宽的两栏，并加分割线

选取正文的第3段，选择【页面布局】，在【页面设置】中选择【分栏】中的更多分栏选项，打开【分栏】对话框，在预设区域选择【两栏】，选中【栏宽相等】复选框，选中【分割线】复选框，单击【确定】按钮完成分栏设置，如图4-33所示。

8. 设置页眉页脚

为文档添加页眉文字"罗兰小语"，默认字体，靠左；添加页脚内容为自己的姓名、学号和日期，字体为楷体，字号为小五，居中对齐。

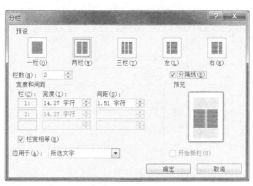

图 4-33　设置分栏

（1）选择【插入】，在【页眉和页脚】中选择【页眉】中的编辑页眉选项，正文变成了灰色。

（2）在【页眉区】输入"罗兰小语"。选择【开始】，在【段落】中对齐方式选择【靠左对齐】即可靠左显示。

（3）单击【页眉和页脚工具】中的转至页脚，切换到【页脚区】输入自己的姓名、学号。在【页眉和页脚工具】中选择【日期和时间】选项，插入当前日期，字体设置为楷体，字号为小五，对齐方式为【居中】。

（4）设置完成后，单击【页眉和页脚工具】中的【关闭页眉和页脚】按钮，或在文档正文部分双击鼠标左键即可返回正文编辑状态，如图 4-34 所示。

图 4-34　页眉和页脚工具

9. 将排好版的文档以"实验 4.docx"为文件名，保存在 E 盘下

以上操作完成后，文档的效果如图 4-35 所示。选择【文件】|【另存为】选项，打开【另存为】对话框，如图 4-36 所示。选择保存位置为【本地磁盘(E:)】，文件名为"实验 4.docx"，保存类型为"Word 文档"，然后单击【保存】按钮，即可完成文档的保存。

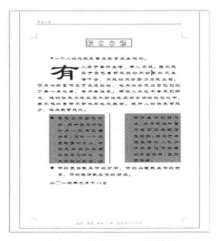

图 4-35　排版后的文档效果

图 4-36 保存文件

四、能力测试

1. 新建一个空白文档，输入以下文字

【文字】

生活科普小知识

——摘自《科普知识》

选择牙膏注意事项

选择牙膏要侧重两点，一是注意是否含氟，因为长期使用含有氟泰配方的牙膏可以有效防止蛀牙；二是要看牙膏的魔擦剂选用的是什么原材料，因为粗糙的魔擦剂会对牙釉质造成磨损。长期使用粗糙魔擦剂的牙膏刷牙对牙齿不利。

一般来说，牙膏的膏体呈冻状的、质地比较细腻光滑的，通常是用高档硅作魔擦剂，对牙釉质磨损少。也可以将不同牙膏分别在新的 CD 盒上刷 5 至 6 下，看看有否刮痕，没有刮痕的牙膏，其中的魔擦剂较细腻。还可以把牙膏放在口中尝一尝，若感觉粗糙，需要多次漱口才能清除的，大多内含的魔擦剂比较粗糙，建议不用。

2. 文档的编辑

（1）在文档的第 3 行插入标题文本"选择牙膏注意事项"

（2）将文档中的第 2 行文字"——摘自《科普知识》"移动到文档的最后。

（3）将文档中的所有"魔擦"替换成"摩擦"。

3. 页面设置

将文档的上下页边距均设置为 2.5 厘米，左边距设置为 3 厘米，右边距设置为 2 厘米，装订线 1 厘米，装订线位置在左方；将纸张大小设置为 B5；设置每页 30 行，每行 30 个字。

4. 设置文档的格式

（1）将文档的第 1 行设置为华文行楷、四号字、左对齐；第 2 行标题设置为华文新魏、二号字、居中对齐；正文第 1 段设置为楷体、小四号字；第 2 段设置为仿宋、小四号字；最后 1 行为方正姚体、四号字、右对齐。

（2）将正文第 1 段除"选择牙膏要侧重两点"文本外全部加着重号。

（3）设置正文各段首行缩进 2 字符。

（4）将第 2 行标题段前、段后间距均设置为 1.5 行；正文段前、段后间距为 0.5 行；正文行距为 1.5 倍行距。

（5）将正文第 1 段设置为"首字下沉"，下沉三行。

（6）将正文第 2 段分为等宽的两栏，栏间距为 2 字符。

（7）设置完成后，将文档以"测试 4.docx"为文件名保存在 E 盘下。

设置效果如图 4-37 所示。

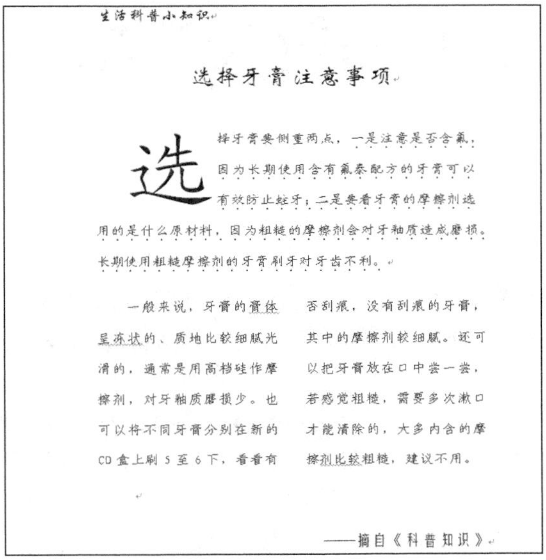

图 4-37　样文

实验 5
Word 2010 编辑长篇幅文档的结构

一、预备知识

现在大家主要都是用 Word 来编辑长篇文档。在撰写和编辑较长篇幅的科技长篇文档的时候，可能经常要为不断地调整格式而烦恼。在这里我把自己以前使用 Word 的经验和教训总结一下，以求抛砖引玉。

一篇长篇文档应该包括两个层次的含义：内容与表现，内容是指文章作者用来表达自己思想的文字、图片、表格、公式及整个文章的章节段落结构等，表现则是指长篇文档页面大小、边距、各种字体、字号等。相同的内容可以有不同的表现，例如一篇文章在不同的出版社出版会有不同的表现；而不同的内容可以使用相同的表现，例如一个期刊上发表的所有文章的表现都是相同的。这两者的关系不言自明。长篇文档"表现"的编辑，是一个非常费时费力的工作。如果在写长篇文档之前，做了各方面的准备，并按照一定的规律来编写和排列，会起到事半功倍的效果;否则，会给你带来无穷无尽的痛苦。

1. 样式

在进行文档排版时，许多段落都有统一的格式，如字体、字号、段间距、段落对齐方式等。手工设置各个段落的格式不仅烦琐，而且难于保证各段格式严格一致。Word 的样式提供了将段落样式应用于多个段落的功能。

样式是一组排版格式指令，它规定的是一个段落的总体格式，包括段落的字体、段落，以及后续段落的格式等。Word 的样式库中存储了大量的样式以及用户自定义样式，选择【开始】选项卡【样式】分组中的样式库可以查看这些样式。Word 2010 不仅预定义了标准样式，还允许用户根据自己的需要修改标准样式或创建自己的样式。

样式可以分为字符样式和段落样式两种。字符样式保存了字体、字号、粗体、斜体、其他效果等。段落样式保存了字符和段落的对齐方式、行间距、段间距、边框等。

（1）使用已有样式。将光标移至要使用样式的段落，然后在【开始】选项卡【样式】分组中样式库中选定需要的样式类型，可将该样式应用于当前光标所在的段落或选定的段落。如果要将该样式应用于多个段落，可将这些段落全部选定，然后在【开始】选项卡【样式】分组中样式库中单击所需的样式名，就可将样式应用到所选文本上。

（2）新建样式。用户可以建立自己的样式。单击【开始】选项卡【样式】分组中的显示样式按钮，在打开的【样式】窗口中单击【新建样式】按钮，打开【根据格式设置创建新样式】对话框。在"名称"文本框中输入新样式的名称，如"样文"，然后在"格式"下拉列表框中选定相应格式的描述项，最后单击【确定】按钮就新建了新样式，可以将其像系统标准样式一样使用。

2．分隔符

分隔符分成两种，分页符和分节符。插入方法是选择【页面布局】选项卡，在【页面设置】分组中，选择【分隔符】。

我们在使用 Word 2010 编辑文档的过程中，有时需要在页面中插入分页符进行分页，以便于更灵活地设置页面格式。

通过在 Word 2010 文档中插入分节符，可以将 Word 文档分成多个部分。每个部分可以有不同的页边距、页眉页脚、纸张大小等不同的页面设置。分节符有以下 4 种：

（1）下一页：插入分节符并在下一页上开始新节；

（2）连续：插入分节符并在同一页上开始新节；

（3）偶数页：插入分节符并在下一偶数页上开始新节；

（4）奇数页：插入分节符并在下一奇数页上开始新节。

3．设置页码

选择【插入】选项卡，在【页眉和页脚】中选择【页码】命令，可选择插入页码的位置。若单击【设置页码格式】按钮，打开【页码格式】对话框，可以选择页码的【编号格式】以及是否包含章节号、起始页码等，设置完后单击【确定】按钮。

4．插入目录

在文档需要插入目录时，首先将光标定位在文档开始处，然后选择【引用】选项卡，选择【目录】分组中的【目录】，打开【目录】对话框，在其中作相应的设置，选择合适的格式，然后单击【确定】按钮，就会在文档开始处自动生成目录。

还可以对目录格式进行修改，选择【引用】选项卡，选择【目录】分组中的【目录】，在其列表中选择【插入目录】，打开【目录】对话框，单击【修改】，打开【样式】对话框，单击【修改】，打开【修改样式】对话框，修改字体格式等。然后单击【确定】按钮，打开【替换】提示框，点击【确定】，就把目录格式进行了替换。

更新目录，选择【引用】选项卡，选择【目录】分组中的【更新目录】，打开【更新目录】对话框，选择选项，就对目录进行了更新。

5．文档的打印

文档编辑排版完毕之后就可以打印了，在打印之前还需要进行一些打印设置，包括设置打印机、打印输出范围等打印参数。

（1）打印预览选择【文件】选项卡，在其列表中选择【打印】，打开【打印】窗口，在右侧预览区域可以查看打印预览效果，并且用户还可以通过调整预览区域下面的滑块改变预览视图的大小。

（2）打印输出。在实际打印输出之前需要对打印参数进行设置。打印参数的设置主要包括打印机的设置、打印范围的设置和打印份数的指定。

对打印机进行设置首先要选择打印机的驱动程序，只有选定了正确的打印驱动程序，打印机才能正常打印。在"打印"对话框中，还需要对打印范围、打印份数等参数作进一步的设置。设置完成后单击工具栏中的【打印】按钮，就可以开始打印文档。

二、实验目的

（1）了解篇幅较长的 Word 文档的排版技巧。

（2）熟练掌握样式的使用方法。

（3）掌握插入分隔符的方法。

（4）重点掌握页码的创建方法。

（5）重点掌握创建目录的方法。

（6）熟练掌握打印的方法。

三、实验内容及步骤

【实验 5.1】新建文档

【实验内容】

新建 Word 文档。

【实验步骤】

首先打开 Word 2010，在【文件】选项卡下选择【新建】选项，在右侧单击【空白文档】按钮，再点击【创建】按钮，就可以成功创建一个空白文档，输入文本内容。

【文本】

家用电脑调查报告

一、市场概述及观点

对 2009 年 12 月家用台式计算机市场的用户关注度状况进行了调查，共采集有效样本量为 523698 份。

通过调查，总结出以下结论：

1. 从品牌的角度上看：

- 中外品牌抗衡，国内品牌更胜一筹；

- 品牌影响力的拉动力较大，联想、惠普与戴尔占据 68.7%关注度；

- 联想成为最受关注家用计算机品牌，锋行、天骄、家悦一同扛起家用电脑大旗。

2. 从产品的角度上看：

- 家用计算机成为众多 PC 厂商的必争之地，占据市场六成以上关注比例；

- 19 英寸成为家用计算机市场上的新标杆，占据市场五成以上关注比例；

- 采用 1GB 内存的家用计算机借 Vista 东风，关注度不断走高；

- 采用 DVD-ROM 光驱的家用计算机担当市场的主力。

二、家用计算机市场品牌调查

1. 整体市场状况分析

从市场的现状来看，商用计算机与个人计算机的比例已经从之前的 7∶3 演变成 6∶4 的比例，家用计算机市场成为众多 PC 生产厂商的必争之地。我们预测，家用计算机市场是未来几年台式机市场增长的重点，因此主流厂商应该会在家用市场增加投入。

2. 整体市场品牌关注调查

总的来看，12 月份家用台式计算机市场关注度较高的品牌，仍以国内品牌为主。十大台式机品牌中，国内品牌共计 7 家，国外品牌有 3 家，除去其他未上榜品牌，整体市场前十大品牌关注比例之和达到 94.7%。

三、家用计算机市场产品调查

1. 不同价格段产品关注调查

根据调查，ZDC 认为：由于 4000～6000 元的产品提供了相对出色的配置及功能，能满足用户基本的应用需求，价格也是普通消费者能够接受的。此外，各大厂商在此价位段的机型部署也较为密集，因此 4000～6000 元家用计算机在市场上的关注度最高。

2. 不同显示器大小产品关注调查

就目前的市场形势来说，用户对台式机的关注点很大部分集中在大屏幕液晶上，不少消费者们也逐渐不再满足于 19 英寸的产品，希望可以购买到更大显示面积的产品，因此 22 英寸宽屏计算机的人气上涨，联想、惠普、方正、同方等几大品牌的主流家用计算机系列，均采用了 22 英寸宽屏 LCD，这其中囊括了游戏机型、娱乐机型及部分普及型低价计算机系列，占据 24%的关注比例。

3. 不同内存大小产品关注调查

512MB 内存家用计算机已经"退居二线"，获得 14.9%的关注比例。采用 4GB 大容量内存的家用计算机由于价格偏高，因此关注度仅为 3.5%。随着内存价格的不断下滑，256MB 内存产品已经不具有价格优势，只有少数低端产配置了 256MB 内存，因此 256MB 内存产品仅占据 0.7%的关注度。

4. 不同硬盘容量产品关注调查

总的来看，在目前家用计算机市场上看，160GB 与 250GB 硬盘机型成为家用计算机市场的两大主力，累计占据整体市场七成以上的关注度。

5. 不同光驱类型产品关注调查

调查显示，采用 DVD-ROM 光驱的家用计算机担当市场的主力，占据 67.1%的关注比例。其次是采用 DVD 刻录机的家用计算机，获得 20.5%的关注度。紧随其后的是康宝光驱，在 12 月份获得的关注度为 1.6%。相比之下，关注 CD-ROM 光驱的用户较少，仅占据 1.1%的比例。

【实验 5.2】使用样式

【实验内容】

（1）新建样式。

（2）应用样式。

【实验步骤】

（1）设置"一、市场概述及观点"为黑体、小四、加粗，创建为新样式【一级标题】，大纲级别【1级】。设置"1.从品牌的角度上看："为宋体、五号、加粗，创建为新样式【二级标题】，大纲级别【2级】。操作步骤如下。

① 设置"一、市场概述及观点"为黑体、小四、加粗，在【开始】选项卡，在【样式】分组中的样式下拉菜单中选择【将所选内容保存为新快速样式】，如图 5-1 所示。

② 打开【根据格式设置创建新样式对话框】，将名称设置为【一级标题】，如图 5-2 所示。单击【修改】按钮，打开【修改样式】对话框，如图 5-3 所示。

③ 选择【格式】，在其列表中选择【段落】，打开【段落】对话框，选择【缩进和间距】选项卡，在【大纲级别】中选择【1级】，如图 5-4 所示。

④ 用同样的方法，设置"1.从品牌的角度上看："为宋体、五号、加粗，创建为新样式【二级标题】，大纲级别【2级】。

（2）设置"二、家用计算机市场品牌调查"和"三、家用计算机市场产品调查"应用新样式【一级标题】。设置"2.从产品的角度上看："、"1、整体市场状况分析"、"2、整体市场品牌关注调查"、"1、不同价格段产品关注调查"、"2、不同显示器大小产品关注调查"、"3、不同内存大小产品关注调查"、"4、不同硬盘容量产品关注调查"、"5、不同光驱类型产品关注调查"应用样式【二级标题】。

图 5-1　选择【将所选内容保存为新快速样式】

图 5-2　【根据格式设置创建新样式】对话框

图 5-3　【修改样式】对话框

图 5-4　【段落】对话框

① 选中"二、家用计算机市场品牌调查"和"三、家用计算机市场产品调查"，选择【开始】选项卡【样式】分组中样式库中的【一级标题】样式。

② 用同样的方法，设置"2.从产品的角度上看："、"1、整体市场状况分析"、"2、整体市场品牌关注调查"、"1、不同价格段产品关注调查"、"2、不同显示器大小产品关注调查"、"3、不同内存大小产品关注调查"、"4、不同硬盘容量产品关注调查"、"5、不同光驱类型产品关注调查"应用样式【二级标题】。

【实验 5.3】从指定页设置页码

【实验内容】

（1）插入分节符。

（2）插入页码。

【实验步骤】

1. 在"一、市场概述及观点"之前插入分节符

（1）将光标定位于"一、市场概述及观点"左边，选择【页面布局】选项卡，在【页面设置】分组中，选择【分隔符】，如图 5-5 所示。

（2）在其列表中选择【分节符】中的【下一页】，插入分节符并在下一页上开始新节，如图 5-6 所示。

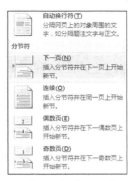

图 5-5　选择【分隔符】　　　　　　　　图 5-6　选择【分节符】中的【下一页】

2．从指定页插入页码

（1）选择【插入】选项卡，在【页眉和页脚】分组中选择【页码】，如图 5-7 所示。

（2）在其列表中选择【页面底端】中的【普通数字 2】。选中页码"2"，单击【链接到前一条页眉】按钮，断开同前一节的链接，如图 5-8 所示。

（3）选中页码"2"，右键单击，右键选项中选择【设置页码格式】，在弹出的【页码格式】对话框中，在【起始页码】后的框中键入相应起始数字【1】，如图 5-9 所示，页码就从"1"重新开始计数。

图 5-7　选择【页码】

图 5-8　单击【链接到前一条页眉】按钮

图 5-9　【页码格式】对话框

【实验 5.4】创建目录

【实验内容】

（1）生成目录。

（2）修改目录格式。

（3）更新目录。

【实验步骤】

1. 生成目录

（1）把光标移到"家用计算机调查报告"的下一行，选择【引用】选项卡，选择【目录】分组中的【目录】，如图 5-10 所示。

（2）在其列表中选择【自动目录 1】，自动生成目录，如图 5-11 所示。

图 5-10　选择【目录】

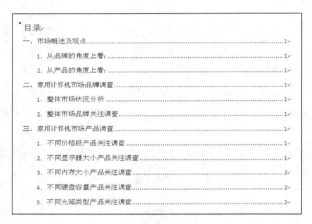

图 5-11　目录

2. 修改一级目录的字体格式为黑体，16 号

（1）选择【引用】选项卡，选择【目录】分组中的【目录】，在其列表中选择【插入目录】，打开【目录】对话框，如图 5-12 所示。

（2）在【目录】对话框中，单击【修改】按钮，打开【样式】对话框，如图 5-13 所示。

（3）在【样式】对话框中，单击【修改】按钮，打开【修改样式】对话框，如图 5-14 所示，修改字体格式为黑体，16 号。然后单击【确定】按钮，打开【替换】提示框，如图 5-15 所示。

（4）在【替换】提示框中，单击【是】按钮，就把目录格式进行了替换。修改后的目录如图 5-16 所示。

图 5-12　【目录】对话框

图 5-13　【样式】对话框

图 5-14 【修改样式】对话框   图 5-15 【替换】提示框

图 5-16 修改后的目录

3. 把文本中"二、家用计算机市场品牌调查"改成"二、家用计算机调查",然后更新目录

（1）先把文本中"二、家用计算机市场品牌调查"改成"二、家用计算机调查",然后选择【引用】选项卡,选择【目录】分组中的【更新目录】,如图 5-17 所示。

（2）打开【更新目录】对话框,如图 5-18 所示,选择【更新整个目录】,就对目录进行了更新。更新后的目录如图 5-19 所示。

图 5-17 选择【更新目录】   图 5-18 【更新目录】对话框

图 5-19 更新后的目录

【实验 5.5】文档的打印

【实验内容】

（1）打印预览。

（2）打印输出。

【实验步骤】

1. 打印预览

（1）选择【文件】选项卡，在其列表中选择【打印】，打开【打印】窗口，如图 5-20 所示。

（2）在右侧预览区域可以查看打印预览效果，并且用户还可以通过调整预览区域下面的滑块改变预览视图的大小。

图 5-20 【打印】窗口

2. 打印 3 份

选择【文件】选项卡，在其列表中选择【打印】，打开【打印】窗口，设置份数为【3】，然后单击【打印】按钮，开始打印。

四、能力测试

新建一个空白文档，输入以下文字：

【文字】

数据库

2.1 数据库基本概念

2.1.1 数据库技术的发展

20 世纪 60 年代后期，由于计算机技术的快速发展，带动了数据库技术的迅速发展。数据处理技术也经历了：人工管理阶段、文件系统阶段、数据库系统阶段和高级数据库阶段。在数据库阶段其技术发展经历了三代：第一代是以网状、层次模型为代表的数据库系统，第二代关系数据库系统和第三代以面向对象模型为主要特征的数据库系统。

1. 第一代数据库系统

数据库发展阶段主要以数据模型的发展为依据进行划分。以层次数据模型或网状数据模型建立的数据库系统，属于第一代数据库系统。

2. 第二代数据库系统

以关系模型为基础的数据库系统是对实体及实体之间的联系采用简单的二元关系（即二维表

格形式）来描述的系统，对各种用户提供统一的单一数据结构形式，使用户容易掌握和应用。关系数据库语言具有非过程化特性，降低了编程难度，面向非专业用户。

3. 第三代数据库系统

第三代数据库系统是以数据管理、对象管理和知识管理为一体，支持面向对象数据模型为主要特征的数据库系统。面向对象数据库采用了面向对象程序设计方法的思想和观点，来描述现实世界实体的逻辑组织和对象之间的联系，克服了传统数据库的局限性，可以自然地存储复杂的数据对象以及这些对象之间的复杂关系，提高了数据库管理效率，降低了用户使用的复杂性。它保持或继承第二代数据库系统的技术，如非过程化特性、数据独立性等，并支持数据库语言标准、在网络上支持标准网络协议等，面向对象数据库技术将成为数据库技术之后的新一代数据管理技术。

4. 数据库技术的新进展

进入 21 世纪以来，数据库技术的应用发生了巨大变化，主要表现在新技术、应用领域和数据模型三个方面。数据库技术发展的核心是数据模型的发展，随着信息管理内容的不断扩展，出现了丰富多样的数据模型，如"面向对象模型"、"半结构化模型"等，新技术也层出不穷，如"数据流"、"Web 数据管理"和"数据挖掘"等。它们应满足三方面的要求：一是能比较真实地模拟现实世界；二是容易为人们所理解；三是便于在计算机上实现。目前，一种数据模型要很好地满足这三方面的要求是很困难的。新一代数据库技术采用多种数据模型。例如面向对象数据模型、对象关系数据模型、基于逻辑的数据模型等。

2.1.2　数据库的基本概念

1. 数据（Data）

数据是数据库系统研究和处理的对象，是描述事物的物理符号。符号不仅仅是指数字、字母和文字，而且包括图形、图像、声音等。因此数据有多种表现形式，能够反映或描述事物的特性。

2. 数据库（DB）

数据库是数据的集合，它具有一定的逻辑结构并储存于计算机存储器上，具有多种表现形式并可被各种用户所共享。数据库借助计算机和数据库技术科学地保存和管理大量的复杂数据，以便充分利用这些数据资源。

3. 数据库管理系统（DBMS）

数据库管理系统是用户与数据之间的数据管理软件，它是数据库系统的一个重要组成部分，主要提供以下功能：

数据定义功能。

数据库的建立和维护。

数据操纵及查询优化。

数据库的运行管理。

Microsoft Access 2003 就是一个关系型数据库管理系统，它提供一个软件环境，利用它，用户可以方便快捷地建立数据库，并对数据库中的数据实现查询、编辑、打印等操作。

4. 数据库系统（DataBase System，DBS）

数据库系统通常是指带有数据库的计算机应用系统。它一般由数据库、数据库管理系统（及其开发工具）、应用系统、数据库管理员和用户组成。在不引起混淆的情况下常把数据库系统简称为数据库。

（1）在标题"数据库"后插入分节符"下一页"，在页面底端插入页码，要求从标题"数据库"的下一页重新开始对页码进行计数。

（2）设置样式，一级标题字体格式为宋体、小四、加粗，二级标题字体格式为宋体、五号、加粗，三级标题字体格式为宋体、小五、加粗。

（3）在标题"数据库"的下一行插入目录。

（4）把"4. 数据库技术的新进展"改成"4. 数据库新进展"，然后更新目录。

（5）将文档以"测试 5.docx"为文件名保存在 E 盘下。

设置效果如图 5-21 所示。

数据库

目录

图 5-21　样文

实验 6
Word 2010 表格的创建与编辑

一、预备知识

由于表格表示信息直观明了，因此在文档中经常用表格来组织文字和数据。Word 2010 提供的表格功能，可以快速方便地建立、编辑各种表格。

1. 建立表格

在 Word 2010 中建立表格常用 3 种方法：通过【插入表格】建立规则表格；通过【绘制表格】建立不规则表格；将文字转换为表格。

要插入规则表格，首先将光标置于要插入表格处，然后切换到【插入】功能区，在【表格】分组中单击【表格】按钮，并拖曳鼠标至所需要的行数和列数，松开鼠标后在光标处弹出一个表格。也可以切换到【插入】功能区，在【表格】分组中单击【表格】按钮，并在打开的表格菜单中选择【插入表格】命令，打开【插入表格】对话框，在对话框中输入表格的列数和行数，单击【确定】按钮后在光标处弹出一个表格。

绘制不规则表格，切换到【插入】功能区，在【表格】分组中单击【表格】按钮，并在打开表格菜单中选择【绘制表格】命令，利用"铅笔"绘制表格。选择表格工具，单击【设计】选项卡，在【绘图边框】中单击【擦除】按钮，利用"橡皮"可以擦除表中的任意制表线。将上述两种插入表格的方法结合起来，制作表格会更方便灵巧。

文字转换为表格时先要选定需要转换的文字，选择【插入】选项卡，在【表格】中单击【表格】按钮，在菜单中选择【文本转换成表格】命令，就可以将文字转换为表格。

此外，在 Word 中还可以在【表格工具】功能区切换到【设计】选项卡，然后在【表格样式】分组中单击【边框】下拉三角按钮，并在边框菜单中选择【斜下框线】，建成具有斜线表头的表格，一次性地完成表头的制作。建立好表格框架后，就可以输入数据了。用鼠标在某一个单元格内双击，将插入点移入该单元格，然后就可以在该单元格中输入数据、图形等内容了。

2. 表格的编辑

建立了表格后经常要对表格进行一系列的编辑处理。包括选定表格、插入行和列、删除行和列、修改行高和列宽、拆分表格、合并单元格、对齐等。

（1）选定表格。与编辑文档一样，不管对表格做何种处理，都要先选定表格中的对象。表格中每个单元格、行或列都有一个不可见的选定栏，当光标移进表格中时，在表格的左上角会出现一个中间有十字箭头的小方块田，单击它可以选定整个表格。当光标指向某列的顶部边框时，光标会变为垂直向下的黑色箭头，单击一下可选定箭头所指的一列，拖动可选定若干列。当将光标放在表格某行的左边界外，光标变成右向空心箭头时，单击一下即可选中光标所指的行。如果沿横向或者纵向拖动则可选定若干个单元格。

（2）插入或删除行、列和单元格。选定表格的行、列或单元格后，选择表格工具，单击【布局】选项卡，在【行和列】中单击【插入】按钮可在相应位置完成插入操作；选择表格工具，单击【布局】选项卡，在【删除】中单击【删除】选项，可在相应位置完成删除操作。利用快捷菜单也可完成相应操作，选定表格的行、列或单元格后，在所选的对象上右击，就会弹出快捷菜单，要插入一行，则选择快捷菜单上的【插入行】命令。要删除一列，则选择快捷菜单上的【删除列】命令。

（3）拆分和合并表格、单元格。"拆分表格"是指将一个表格分为上下两个表格。将插入点移入要拆分成第二个表格的第一行中，选择表格工具，单击【布局】选项卡，在【合并】中单击【拆分表格】按钮，则将原表格分为上下两个表格。如果将上下两个表格间的段落标记删除，就将两个表格合并为一个表格了。

"合并单元格"是指将选中的一些单元格合并为一个大单元格。选中需合并的数个单元格，选择表格工具，单击【布局】选项卡，选择【合并】中的【合并单元格】命令，即可将数个单元格合并为一个。"拆分单元格"是指将一个单元格按行的方向或列的方向分为若干个单元格。选中某个单元格，选择表格工具，单击【布局】选项卡，选择【合并】中的【拆分单元格】，在【拆分单元格】对话框的【列数】文本框中输入（或选择）列数，在【行数】文本框中输入（或选择）行数，单击【确定】按钮后，即可得到拆分后的表格。

（4）表格的计算和排序。Word 2010 提供了许多常用函数，如求和、求平均值、求极值等，对于表格中的数值型数据可进行简单的计算。在输入计算公式时，为了便于描述这些单元格，通常要对参与计算的多个单元格编号，Word 2010 用 A、B、C…表示列，用 1、2、3…表示行。例如，A1：B3 表示从第 1 行第 1 列到第 3 行第 2 列。

当在表格中进行公式计算时，首先将光标置于要插入计算结果的单元格中，然后选择表格工具，单击【布局】选项卡，选择【数据】中的【公式】。打开【公式】对话框，在【公式】文本框中输入 "="及计算公式，在【粘贴函数】下拉列表框中选定一个函数粘贴到【公式】文本框中。在【编号格式】下拉列表框中，选择计算结果的编号格式。然后单击【确定】按钮，计算结果就显示在了表中选定的单元格中。

表格排序是指为了便于查询而对表格中数据进行的排序操作。可以选择表格工具，单击【布局】选项卡，选择【数据】中的【排序】，打开【排序】对话框。在【排序】对话框中选择主要关键字，以确定作排序基准的列，也可接着选次要关键字、第三关键字等，再单击【确定】按钮即可。

3. 格式化表格

（1）调整表格大小。在表格内双击或选定单元格时，表格出现调整控点，拖动右下角的调整控点，表格内的单元格会自动等比例调整其大小，不会破坏原来的单元格设置。拖动表格左上角的位置控点 ⊞，可将表格拖放到任意位置。

（2）调整行高和列宽。将鼠标指针指向表格的行边框线或垂直标尺上的行标志，用鼠标进行拖动可以改变行高；或者选择表格工具，单击【布局】选项卡，选择【表】中的【属性】，打开【表格属性】对话框，选择【行】选项卡，通过输入数值可以精确调整行高。调整列宽实际上是改变本列中所有单元格的宽度，可以用鼠标直接拖动调整，也可以选择表格工具，单击【布局】选项卡，选择【表】中的【属性】，打开【表格属性】对话框，选择【列】选项卡，通过输入数值精确设置列宽。

（3）单元格对齐。在默认情况下，表格中的文字是左上方对齐，可以修改表格中文字的对齐方式。选中单元格后右击，在弹出的快捷菜单中选择【单元格对齐方式】子菜单中符合要求的对齐方式即可。也可以选择表格工具，单击【布局】选项卡，选择【表】中的【属性】，打开【表格属性】对话框，选择【单元格】选项卡，设置表格中文字的对齐方式。

（4）套用表格格式。Word 2010给用户准备了许多优美的表格格式，使用它们可以快速格式化表格。首先选定某表格，然后选择表格工具，单击【设计】选项卡，选择【表格样式】，选择所需格式。

（5）表格的边框和底纹。首先选定单元格，在【表格工具】功能区切换到【设计】选项卡，然后在【表格样式】分组中单击【边框】下拉三角按钮 ，并在边框菜单中选择【边框和底纹】命令，打开【边框和底纹】对话框，或者在【绘图边框】分组中单击【边框和底纹】按钮 ，也可打开【边框和底纹】对话框，再选择【边框】选项卡，从中选择所需选项。如果想改变底纹，则在表格中选定要修改的单元格、行或列，在【表格工具】功能区切换到【设计】选项卡，然后在【表格样式】分组中单击【边框】下拉三角按钮 ，并在边框菜单中选择【边框和底纹】命令，打开【边框和底纹】对话框，或者在【绘图边框】分组中单击【边框和底纹】按钮 ，也可打开【边框和底纹】对话框，选择【底纹】选项卡，进行修改。

二、实验目的

（1）熟练掌握表格的建立及内容的输入方法。

（2）熟练掌握表格的编辑操作。

（3）重点掌握表格的格式设置。

（4）重点掌握表格中的数据计算与排序方法。

（5）掌握表格中公式的使用。

（6）了解表格与文本的相互转换。

三、实验内容及步骤

【实验6.1】表格的创建

【实验内容】

（1）新建空白文档。

（2）插入表格。

（3）输入表格内容。

【实验步骤】

1．新建一个空白文档

首先打开 Word 2010，在【文件】选项卡下选择【新建】选项，在右侧单击【空白文档】按钮，再单击【创建】按钮，就可以成功创建一个空白文档。

2．在新建空白文档中插入一个5行5列的表格

（1）把光标定位在文档的第2行，第2列。

（2）切换到【插入】功能区，在【表格】分组中单击【表格】按钮，并在打开的表格菜单中选择【插入表格】命令，如图6-1所示。

（3）打开【插入表格】对话框，如图 6-2 所示。在【表格尺寸】区域中的【列数】数值框中输入 5，【行数】数值框中输入 5，在【自动调整】操作中选择【根据内容调整表格】，单击【确定】按钮即可在文档中插入如图 6-3 所示表格。

图 6-1　插入表格

图 6-2　【插入表格】对话框

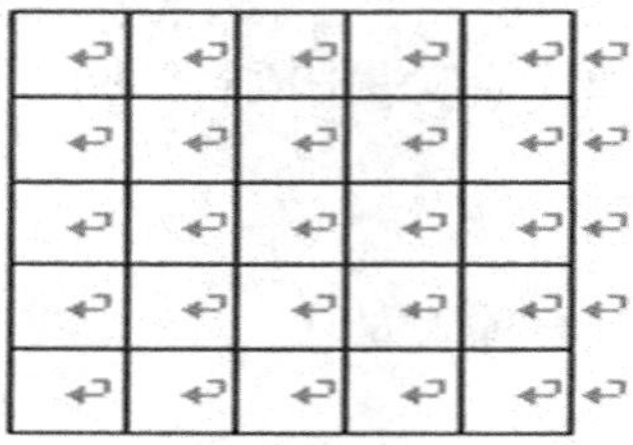

图 6-3　插入的空表格

3. 输入如表 6-1 所示的表格内容。将光标定位在表格的相应单元格中输入表 6-1 所示的表格内容

表 6-1　　　　　　　　　　　　　　　　学生成绩表

	英语	数学	语文	计算机
王萍	89	94	83	
马力	90	92	89	
刘宁	94	81	79	
马力刚	95	87	92	

【实验 6.2】表格的编辑操作

【实验内容】

（1）插入行和列。

（2）绘制斜线表头。

（3）合并单元格及拆分单元格。

【实验步骤】

1. 插入行和列

在表格的第 5 行下方插入一行，在第 5 列的右方插入两列，并输入如表 6-2 所示内容。

表 6-2 　　　　　　　　　　　　　　　　　学生成绩表

	英语	数学	语文	计算机	总成绩	平均分
王萍	89	94	83			
马力	90	92	89			
刘宁	94	81	79			
马力刚	95	87	92			
各科平均						

（1）将光标定位在表格的第 5 行的任意单元格。选择表格工具，单击【布局】选项卡，在【行和列】中单击【在下方插入】按钮，即可在第 5 行的下方插入一行，如图 6-4 所示，并在这一行的第一个单元格里输入【各科平均】。

图 6-4　插入行

（2）将光标定位在表格的第 5 列的任意单元格，选择表格工具，单击【布局】选项卡，在【行和列】中单击【在右侧插入】按钮，即可在第 5 列的右方插入一列，使用相同方法再插入一列，并相应单元格输入如表 6-2 所示的"总成绩"和"平均分"。

2. 绘制斜线表头

在表格的第 1 行第 1 列的单元格绘制如表 6-3 所示斜线表头，并输入行列标题

表 6-3 　　　　　　　　　　　　　　　　　学生成绩表

课程名＼姓名	英语	数学	语文	计算机	总成绩	平均分
王萍	89	94	83			
马力	90	92	89			
刘宁	94	81	79			
马力刚	95	87	92			
各科平均						

（1）把光标定位在第 1 行第 1 列单元格。

（2）在【表格工具】功能区切换到【设计】选项卡，然后在【表格样式】分组中单击【边框】下拉三角按钮，并在边框菜单中选择【斜下框线】，如图 6-5 所示。

（3）依次输入表头的文字，在行标题处输入"课程名"，在列标题处输入"姓名"，通过空格和 Enter 控制到适当的位置。

3. 合并、拆分单元格

在表格的第 1 行的上方插入一行，并将其合并为一个单元格，然后输入表格的标题"学生成绩表"。将第 2 行第 5 列单元格拆分成上下两个单元格，并将"计算机"下方各行的单元格均拆分成三个单元格，然后调整列宽并输入数据，如表 6-4 所示。

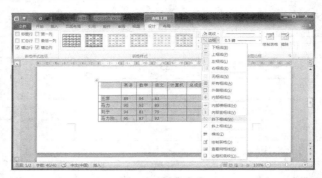

图 6-5　斜线表头

表 6-4　　　　　　　　　　　　　　　　　学生成绩表

学生成绩表								
课程名 姓名	英语	数学	语文	计算机			总成绩	平均分
				上机	笔试	总分		
王萍	89	94	83	45	46			
马力	90	92	89	43	45			
刘宁	94	81	79	42	40			
马力刚	95	87	92	48	39			
各科平均								

（1）将光标定位在第 1 行的任意单元格，选择表格工具，单击【布局】选项卡，在【行和列】中单击【在上方插入】按钮，在表格第 1 行的前面插入一行。选定该行，选择表格工具，单击【布局】选项卡，选择【合并】中的【合并单元格】，如图 6-6 所示，将其合并为一个单元格，并去掉斜线，然后输入标题"学生成绩表"。

（2）将光标定位在第 2 行第 5 列单元格中，选择表格工具，单击【布局】选项卡，选择【合并】中的【拆分单元格】，打开【拆分单元格】对话框，如图 6-7 所示。设置【列数】为 1，【行数】为 2，单击【确定】按钮，即可将该单元格拆分成上下两个单元格。

图 6-6　合并单元格

图 6-7　拆分单元格

（3）选择第 5 列"计算机"单元格下方的各行单元格，选择表格工具，单击【布局】选项卡，选择【合并】中的【拆分单元格】，打开【拆分单元格】对话框。设置【列数】为 3，【行数】为 6，选中【拆分前合并单元格】复选框，单击【确定】按钮，即可将所选单元格均拆分成 3 个单元格，如表 6-4 所示，并在相应单元格中输入表 6-4 所示数据。

【实验 6.3】表格的计算和排序

【实验内容】

（1）求每个人的计算机课程的总分。

（2）求每个人的总成绩。

（3）求每个人的平均分。

（4）求各科平均分。

（5）按总成绩降序排序。

【实验步骤】

1. 求每个人的计算机课程的总分

（1）将光标定位在"王萍"同学计算机总分单元格内，选择表格工具，单击【布局】选项卡，选择【数据】中的【公式】，如图 6-8 所示。

（2）打开【公式】对话框，在【公式】文本框中输入"=SUM(e4：f4)"，单击【确定】按钮，如图 6-9 所示，即可计算出"王萍"同学的计算机课程的总分。

（3）按照同样的方法计算其他同学的计算机课程的总分，公式分别为"=SUM(e5：f5)"、"=SUM(e6：f6)"、"=SUM(e7：f7)"。

说明

公式中的 e4 表示第 4 行第 5 列单元格，f4 表示第 4 行第 6 列单元格，"："表示连续的区域，"，"表示不连续的区域。

图 6-8 选择【公式】

图 6-9 【公式】对话框

2. 求每个人的总成绩

（1）将光标定位在"王萍"同学总成绩单元格内，选择表格工具，单击【布局】选项卡，选择【数据】中的【公式】，打开【公式】对话框，如图 6-9 所示。

（2）在【公式】文本框中输入"=SUM(b4：d4,g4)"，单击【确定】按钮，即可计算出"王萍"同学的总成绩。

（3）按照同样的方法计算其他同学的总成绩，公式分别为"=SUM(b5：d5,g5)"、"=SUM(b6：d6,g6)"、"=SUM(b7：d7,g7)"。

3. 求每个人的平均分

（1）将光标定位在"王萍"同学平均分单元格内，选择表格工具，单击【布局】选项卡，选择【数据】中的【公式】，打开【公式】对话框，如图 6-9 所示。

（2）在【公式】文本框中输入"=AVERAGE(b4：d4,g4)"，单击【确定】按钮，即可计算出"王萍"同学的平均分。

（3）按照同样的方法计算其他同学的平均分，公式分别为"=AVERAGE(b5：d5,g5)"、"=AVERAGE(b6：d6,g6)"、"=AVERAGE(b7：d7,g7)"。

4. 求各科平均分

（1）将光标定位在【英语】列的各科平均单元格内，选择表格工具，单击【布局】选项卡，选择【数据】中的【公式】，打开【公式】对话框，如图 6-9 所示。

（2）在【公式】文本框中输入"=AVERAGE(b4：b7)"，单击【确定】按钮，即可计算出"英语"课程的平均分。

（3）按照同样的方法计算其他课程的平均分，公式分别为"=AVERAGE(c4：c7)"、"=AVERAGE(d4：d7)"、"=AVERAGE(e4：e7)"、"=AVERAGE(f4：f7)"、"=AVERAGE(g4：g7)"。

计算的结果如表 6-5 所示。

表 6-5 　　　　　　　　　　　　　　　　　　学生成绩表

学生成绩表

课程名 姓名	英语	数学	语文	计算机			总成绩	平均分
				上机	笔试	总分		
王萍	89	94	83	45	46	91	357	89.25
马力	90	92	89	43	45	88	359	89.75
刘宁	94	81	79	42	40	82	336	84
马力刚	95	87	92	48	39	87	361	90.25
各科平均	92	88.5	85.75	44.5	42.5	87		

　5.　按总成绩降序排序

（1）选中 h4:h8 总成绩单元格，选择表格工具，单击【布局】选项卡，选择【数据】中的【排序】，打开【排序】对话框，如图 6-10 所示。

（2）在【排序】对话框中选择【列 8】即总成绩列为主要关键字，以确定排序基准的列，也可接着选次要关键字、第三关键字等，然后单击【降序】按钮，再单击【确定】按钮即按总成绩降序排序。

图 6-10 　【排序】对话框

排序的结果如表 6-6 所示。

表 6-6 　　　　　　　　　　　　　　　　　　学生成绩表

学生成绩表

课程名 姓名	英语	数学	语文	计算机			总成绩	平均分
				上机	笔试	总分		
马力刚	95	87	92	48	39	87	361	90.25
马力	90	92	89	43	45	88	359	89.75
王萍	89	94	83	45	46	91	357	89.25
刘宁	94	81	79	42	40	82	336	84
各科平均	92	88.5	85.75	44.5	42.5	87		

【实验 6.4】表格格式设置

【实验内容】

（1）设置表格中文字的字符格式。

（2）设置表格的边框和底纹。

【实验步骤】

（1）将表格的第 1 行字符格式设置为黑体、三号、水平居中对齐；第 2 行和第 3 行文字设置为黑体五号字，各单元格内容在单元格中水平居中对齐，垂直居中对齐；其余各行的行高设置为 1 厘米固定值，单元格内容垂直方向底端对齐，【姓名】列水平居中对齐，各科成绩、总分及平均分均靠右对齐。操作步骤如下。

① 选定表格第 1 行，选择【开始】，在【字体】中将该行文字字体设置为【黑体】，字号为【三号】。再选择【开始】，在【段落】中单击 【居中】按钮，使该行单元格中的内容在单元格中水平居中对齐，如图 6-11 所示。

图 6-11　设置字体和段落

② 选中表格的第 2 行和第 3 行，选择【开始】，在【字体】中将该行文字字体设置为【黑体】，设置字号为【五号】。再选择【开始】，在【段落】中单击【居中】按钮，使选定单元格中的内容在单元格中水平居中对齐。选择表格工具，单击【布局】选项卡，选择【表】中的【属性】，打开【表格属性】对话框，选择【单元格】选项卡，如图 6-12 所示。在【垂直对齐方式】区域选择【居中】，单击【确定】按钮，即可将选定单元格的内容设置为垂直居中对齐。或者在选定的区域内单击右键，选择快捷菜单中的【单元格对齐方式】|【水平居中】，使内容在单元格中居中对齐。

③ 选中第 4 行到第 8 行单元格，选择表格工具，单击【布局】选项卡，选择【表】中的【属性】，打开【表格属性】对话框，选择【行】选项卡，如图 6-13 所示。选中【指定高度】前面的复选框，并指定高度为【1 厘米】，在【行高值是】下拉列表框中选择【固定值】，选择【单元格】选项卡，设置垂直对齐方式为【底端对齐】，单击【确定】按钮，即可将选中行的行高设置为 1 厘米，单元格内容垂直方向底端对齐。选中【姓名】列，选择【开始】，在【段落】中单击 【居中】按钮，设置水平居中对齐。选中各科成绩、总分及平均分单元格，选择【开始】，在【段落】中单击 【文本右对齐】按钮设置靠右对齐。设置结果如表 6-7 所示。

图 6-12　【单元格】属性设置

图 6-13　【行】属性设置

表 6-7　　　　　　　　　　　学生成绩表

学生成绩表

课程名 姓名	英语	数学	语文	计算机			总成绩	平均分
				上机	笔试	总分		
马力刚	95	87	92	48	39	87	361	90.25
马力	90	92	89	43	45	88	359	89.75
王萍	89	94	83	45	46	91	357	89.25
刘宁	94	81	79	42	40	82	336	84
各科平均	92	88.5	85.75	44.5	42.5	87		

（2）将表格的外框线设置成 1/2 磅双实线，内框线设置为 1 磅的单实线。表格的第 1 列和第 2 行填充【黄色】的底纹。

① 选定表格，在【表格工具】功能区切换到【设计】选项卡，然后在【表格样式】分组中单击【边框】下拉三角按钮 边框▾ ，并在边框菜单中选择【边框和底纹】命令，打开【边框和底纹】对话框，或者在【绘图边框】分组中单击【边框和底纹】按钮 ，也可打开【边框和底纹】对话框，如图 6-14 所示。在设置区域选择【方框】，样式选择【双实线】，宽度选择【0.5 磅】，或者在预览区域用鼠标单击图示中的相应边框，然后单击【确定】按钮，即可将表格的外框线设置成 0.5 磅双实线，如图 6-15 所示。

图 6-14　选择【边框和底纹】

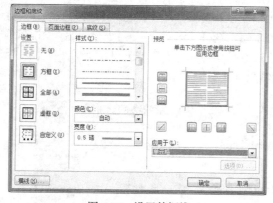

图 6-15　设置外框线

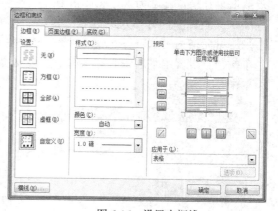

图 6-16　设置内框线

② 选定表格除第 1 行以外的单元格，在【表格工具】功能区切换到【设计】选项卡，然后在【表格样式】分组中单击【边框】下拉三角按钮 边框▾ ，并在边框菜单中选择【边框和底纹】命令，打开【边框和底纹】对话框。或者在【绘图边框】分组中单击【边框和底纹】按钮 ，也可打开【边框和底纹】对话框。在设置区域选择【自定义】，线型选择【单实线】宽度选择【1 磅】，在预览区域单击【 】上边线按钮，将所选区域上边线设置为单实现，再分别选择【 】、【 】

按钮,将内横线和内竖线设置为单实线,然后单击【确定】按钮即完成了内框线的设置,如图6-16所示。

③ 选中表格的第1列和第2行,在【表格工具】功能区切换到【设计】选项卡,然后在【表格样式】分组中单击【边框】下拉三角按钮 □边框 ，并在边框菜单中选择【边框和底纹】命令,打开【边框和底纹】对话框,或者在【绘图边框】分组中单击【边框和底纹】按钮 ，也可打开【边框和底纹】对话框。选择【底纹】选项卡,在填充区域选择【黄色】,单击【确定】按钮,即可将表格的第1列和第2行填充上【黄色】的底纹,如图6-17所示。

边框和底纹设置完成后的效果如表6-8所示。

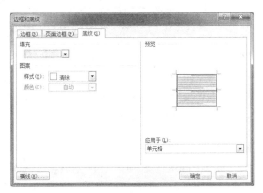

图6-17 设置底纹

表6-8　　　　　　　　　　学生成绩表

学生成绩表								
课程名 姓名	英语	数学	语文	计算机			总成绩	平均分
				上机	笔试	总分		
马力刚	95	87	92	48	39	87	361	90.25
马力	90	92	89	43	45	88	359	89.75
王萍	89	94	83	45	46	91	357	89.25
刘宁	94	81	79	42	40	82	336	84
各科平均	92	88.5	85.75	44.5	42.5	87		

【实验6.5】文本和表格间的转换

【实验内容】

(1)将表格转换成文本。

(2)将文本转换成表格。

【实验步骤】

1.将表格中的第3行到第7行所有的内容转换成文本

(1)选中表格中第3行到第7行所有数据,在【表格工具】功能区切换到【布局】选项卡,在【数据】分组中选择【转换为文本】,如图6-18所示,打开【表格转换成文本】对话框。

(2)在对话框中的【文字分隔符】区域选择【制表符】单选按钮,单击【确定】按钮,即可完成表格转换成文本操作,如图6-19所示。转换结果如表6-9所示。

图 6-18　选择【转换为文本】　　　　　　　　图 6-19　【表格转换成文本】对话框

表 6-9　　　　　　　　　　　　　学生成绩表

<table>
<tr><td colspan="9" align="center">学生成绩表</td></tr>
<tr><td rowspan="2">课程名
姓名</td><td rowspan="2">英语</td><td rowspan="2">数学</td><td rowspan="2">语文</td><td colspan="3" align="center">计算机</td><td rowspan="2">总成绩</td><td rowspan="2">平均分</td></tr>
<tr><td>上机</td><td>笔试</td><td>总分</td></tr>
<tr><td>马力刚</td><td>95</td><td>87</td><td>92</td><td>48</td><td>39</td><td>87</td><td>361</td><td>90.25</td></tr>
<tr><td>马力</td><td>90</td><td>92</td><td>89</td><td>43</td><td>45</td><td>88</td><td>359</td><td>89.75</td></tr>
<tr><td>王萍</td><td>89</td><td>94</td><td>83</td><td>45</td><td>46</td><td>91</td><td>357</td><td>89.25</td></tr>
<tr><td>刘宁</td><td>94</td><td>81</td><td>79</td><td>42</td><td>40</td><td>82</td><td>336</td><td>84</td></tr>
<tr><td>各科平均</td><td>92</td><td>88.5</td><td>85.75</td><td>44.5</td><td>42.5</td><td>87</td><td></td><td></td></tr>
</table>

2．将刚转换后文本转成表格

（1）选择要转换的文本，选择【插入】选项卡，在【表格】中单击【表格】按钮，在菜单中选择【文本转换成表格】命令，如图 6-20 所示，打开【文本转换成表格】对话框。

（2）在【文本转换成表格】对话框中，【表格尺寸】区域的【列数】和【行数】使用默认值，【自动调整】区域选择【固定列宽】单选按钮，【文字分隔位置】区域选择【制表符】单选按钮，如图 6-21 所示单击【确定】按钮，即可完成文本转换成表格操作，转换结果如表 6-10 所示。

图 6-20　选择【文本转换成表格】　　　　　　图 6-21　【将文字转换成表格】对话框

表 6-10　　　　　　　　　　　　　学生成绩表

<table>
<tr><td colspan="9" align="center">学生成绩表</td></tr>
<tr><td rowspan="2">课程名
姓名</td><td rowspan="2">英语</td><td rowspan="2">数学</td><td rowspan="2">语文</td><td colspan="3" align="center">计算机</td><td rowspan="2">总成绩</td><td rowspan="2">平均分</td></tr>
<tr><td>上机</td><td>笔试</td><td>总分</td></tr>
<tr><td>马力刚</td><td>95</td><td>87</td><td>92</td><td>48</td><td>39</td><td>87</td><td>361</td><td>90.25</td></tr>
<tr><td>马力</td><td>90</td><td>92</td><td>89</td><td>43</td><td>45</td><td>88</td><td>359</td><td>89.75</td></tr>
<tr><td>王萍</td><td>89</td><td>94</td><td>83</td><td>45</td><td>46</td><td>91</td><td>357</td><td>89.25</td></tr>
<tr><td>刘宁</td><td>94</td><td>81</td><td>79</td><td>42</td><td>40</td><td>82</td><td>336</td><td>84</td></tr>
<tr><td>各科平均</td><td>92</td><td>88.5</td><td>85.75</td><td>44.5</td><td>42.5</td><td>87</td><td></td><td></td></tr>
</table>

以上操作完成后，将文档以"实验 6.docx"为文件名，保存在 E 盘下。

四、能力测试

1. 要求

（1）制作一个 5 行 6 列的表格，表名为"课程表"。

（2）将表格行高设置成最小值 25 磅、列宽 2.5 厘米。

（3）参照表 6-11 样表输入课程表内容，将"课程表" 3 个字设置成黑体、四号字。

（4）插入如样表所示斜线表头。

（5）除斜线表头单元格之外的所有单元格内容设置成水平、垂直均居中对齐。

（6）为表格添加 1.5 磅单线的外框，0.75 磅单线的内框；在第 3 行（上午和下午之间）增加 1.5 磅双线的下边框。

（7）将文档以"测试 6.docx"为文件名保存在 E 盘下。

2. 样表

表 6-11　　　　　　　　　　　　　样表

课 程 表

时间＼星期		一	二	三	四	五
上午	1	高代	英语	高代（单）	体育	修养
	2					
	3	计算机	化学	计算机（双）	英语	高代
	4					
下午	5	物理实验	法律（双）	听力	大学物理（单）	
	6					
	7			网络		

实验7
Word 2010 图文混合排版

一、预备知识

在文档中插入图形对象可以使文档形象生动，易于理解。Word 2010 支持图形处理，具有强大的图文混排功能。在 Word 2010 文档中用户可以使用绘图工具创建简单的图形对象，也可以直接插入图形文件中的图片。这两种对象的不同在于，图片是由其他文件创建的图形，包括剪贴画、位图和扫描的照片等；图形对象是利用绘图工具绘制的图形、文本框、艺术字和数学公式等。

1. 图片的插入和编辑

（1）插入剪贴画和其他图形文件。在 Word 2010 的剪辑库中存放了大量的剪贴画，用户可以向文档中插入剪贴画使文档更生动、形象。插入剪贴画时，首先将光标定位于需要插入剪贴画或图片的位置，选择【插入】选项卡的【插图】分组中的【剪贴画】选项，即可打开【剪贴画】任务窗格。在【搜索文字】文本框中输入用于描述所需剪贴画的相关文字，例如【花】，然后单击【搜索】按钮，在任务窗格中将显示搜索结果，单击所需图片，就可将剪贴画插入到光标指示的位置。如果选择【插入】选项卡【插图】分组中的【图片】选项，则可以在光标处插入其他图形处理软件制作的扩展名为.bmp、.wmf、.jpg 等的图形文件或扫描图片。

（2）图片的编辑。在文档中插入剪贴画后，利用【图片工具】可以对剪贴画进行各种编辑操作，例如，改变剪贴画的大小、裁剪与缩放图片、设置剪贴画的对比度和亮度、设置图片格式等。首先选定图片，同时选定的图片四周出现 8 个尺寸控制点，拖动图片角上的尺寸控制点可按比例改变图片的大小，拖动图片边上的尺寸控制点可改变图片的形状。如果要对图片格式进行设置，可以通过【图片工具】的相应按钮设置图片颜色、对图片进行裁剪、改变图片对比度和亮度、设置图片与文字的环绕方式、设置效果等。

2. 形状的插入和编辑

（1）插入形状。在 Word 2010 中利用【形状】可以绘制图形，通常将绘制的每一种图形称为一个形状。

插入形状：将光标定位在插入点，选择【插入】选项卡【插图】分组中的【形状】，在其列表中选择要插入的形状，拖拽鼠标左键画一个适当大小的形状。

（2）编辑形状。在文档中插入形状后，需要进行多种编辑操作，如调整位置、改变大小和形状、设置颜色、调整叠放次序等，使其最终符合要求。一般用户可以通过【绘图工具】的相应按钮编辑形状。也可以通过快捷菜单中的相应命令对图形进行设置。

① 选择形状。在编辑形状前首先要选中形状对象，可以直接单击形状。若要选中多个对

象，可在选择编辑对象的同时按住 Shift 键，或按下鼠标左键拖动，被虚线框包围的图形对象均被选中。

② 在形状中添加文字。选中形状对象后右击，从快捷菜单中选择【添加文字】命令，插入点就出现在图形中，输入所要添加的文字即可。

③ 设置线条的颜色、图案。选中形状对象后，选择【绘图工具】，选择【格式】选项卡，在【形状样式】分组中选择【形状轮廓】，在弹出的列表框中可以为线条选择颜色；在【形状轮廓】中还可以设置线条的样式和粗细等。

④ 填充图形颜色。选中形状后，选择【绘图工具】，选择【格式】选项卡，在【形状样式】分组中选择【形状填充】，在弹出的列表框中可以为形状选择颜色；在【形状填充】中还可以为形状填充不同的效果。

⑤ 组合形状。绘制的多个图形对象还可以组合为一体，对其进行整体操作，例如，对组合为一体的多个图形对象可以同时进行移动位置、改变大小和形状、设置颜色等操作。组合多个图形对象时，首先选中需要组合的图形对象，然后右击，在快捷菜单中选择【组合】命令就可将多个对象组合成一个整体。取消组合时，选择快捷菜单的【取消组合】命令即可。

⑥ 调整形状的叠放次序。当绘制的图形较多时，后面的图形将覆盖前面的图形，此时可以调整图形的叠放次序。首先选中要调整叠放次序的图形，然后右击，在快捷菜单中选择子菜单可以选择所需的叠放次序。

⑦ 设置形状效果。选中图形对象后，选择【绘图工具】，选择【格式】选项卡，在【形状样式】分组中选择【形状效果】，设置形状效果。

（3）插入艺术字。艺术字以输入的普通文字为基础，通过添加阴影、三维效果、设置颜色等对文字进行修饰，从而突出和美化文字。在 Word 2010 中艺术字被当作图形对象来处理。在文档中插入艺术字时，选择【插入】选项卡的【文本】组中的【艺术字】选项，在其列表中选择一种艺术字样式，即可在文档中添加艺术字。选择【开始】选项卡的【字体】组，设置字体和字号。

生成艺术字后，为了使其更美观还可以编辑艺术字，如修改艺术字的式样、改变艺术字的形状、添加阴影、设置艺术字的线条、颜色、形状、位置、大小等格式，这些操作都可以通过【绘图工具】完成。

（4）使用文本框。文本框就像一个容器可以将文字、图形、图表、表格等对象装入其中形成一个整体，但文本框只有在【页面视图】下才可见。建立文本框时，选择【插入】选项卡中【文本】分组中的【文本框】选项，在其列表中选择文本框选项，当光标变为十字形时，将其移至适当位置并拖动，可以绘制文本框，然后向其中输入文本等内容。

插入文档中的文本框不但可以调整大小、移动位置，还可以像图片一样设置文本框的格式、文字环绕方式等效果。编辑文本框时，先选中文本框，文本框的四周出现虚线框和 8 个方向控制点，可以通过拖动控制点对文本框进行缩放和移动。如果要设置文本框的颜色、线条、边框、环绕方式等，可以选择【绘图工具】，在其中可以进行相关设置。

二、实验目的

（1）重点掌握图片、艺术字和文本框的插入与编辑方法。

（2）学会自选图形的绘制与编辑方法。

（3）了解图形对象的修饰方法。

（4）掌握图文混排的方法。

三、实验内容及步骤

【实验 7.1】新建文档

【实验内容】

（1）新建 Word 文档。

（2）设置文档的字符和段落格式。

【实验步骤】

1. 新建 Word 文档

首先打开 Word 2010，在【文件】选项卡下选择【新建】选项，在右侧单击【空白文档】按钮，再单击【创建】按钮，就可以成功创建一个空白文档，输入文本内容。

【文本】

绿色旋律

——树叶音乐

树叶，是大自然赋予人类的天然绿色乐器。吹树叶的音乐形式，在我国有悠久的历史。早在一千多年前，唐代杜佑的《通典》中就有"衔叶而啸，其声清震"的记载；大诗人白居易也有诗云："苏家小女旧知名，杨柳风前别有情，剥条盘作银环样，卷叶吹为玉笛声。"可见那时候树叶音乐就已相当流行。

树叶这种最简单的乐器，通过各种技巧，可以吹出节奏明快、情绪欢乐的曲调，也可吹出清亮悠扬、深情婉转的歌曲。它的音色柔美细腻，好似人声的歌唱，那变化多端的动听旋律，使人心旷神怡，富有独特情趣。

吹树叶一般采用桔树、枫树、冬青或杨树的叶子，以不老不嫩为佳。太嫩的叶子软，不易发音；老的叶子硬，音色不柔美。叶片也不应过大或过小，要保持一定的湿度和韧性，太干易折，太湿易烂。它的演奏，是靠运用适当的气流吹动叶片，使之振动发音的。叶子是簧片，口腔像个共鸣箱。吹奏时，将叶片夹在唇间，用气吹动叶片的下半部，使其颤动，以气息的控制和口形的变化来掌握音准和音色，能吹出两个八度音程。

用树叶伴奏的抒情歌曲，于淳朴自然中透着清新之气，意境优美，别有风情。

2. 设置文档的字符和段落格式

将正文设置为隶书、四号字，首行缩进两字符，将正文的第 3 段分为等宽的两栏。

【实验 7.2】插入艺术字

【实验内容】

（1）插入艺术字。

（2）设置艺术字的形状。

（3）设置艺术字的颜色。

（4）设置艺术字的版式。

【实验步骤】

（1）插入艺术字。将标题【绿色旋律】设置为艺术字，指定艺术字字体为楷体、字号为 36 号。操作步骤如下。

① 选中标题"绿色旋律"，选择【插入】选项卡的【文本】组中的【艺术字】选项，如图 7-1 所示，在其列表中选择第三行第四列的【艺术字】样式。

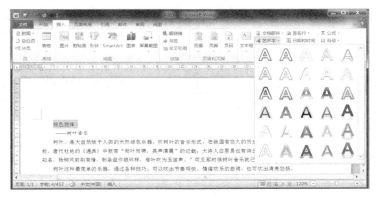

图 7-1 选择艺术字

② 选择【开始】选项卡的【字体】组，设置字体为【楷体】，字号为 36 号字，如图 7-2 所示，即可将标题设置为艺术字。

图 7-2 编辑艺术字格式

（2）设置艺术字的形状。艺术字形状设置为【波形 2】。操作步骤如下

① 选中艺术字标题，选择【绘图工具】。

② 在【格式】选项卡中【艺术字样式】分组中选择【文字效果】，在其列表中选择【转换】，在【弯曲】中选择【波形 2】，如图 7-3 所示，完成艺术字形状设置。

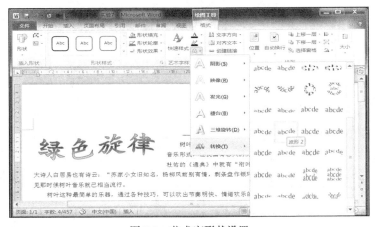

图 7-3 艺术字形状设置

（3）设置艺术字的颜色。将艺术字的填充颜色设置为【浅绿】，线条颜色设置为【黑色】。虚实设置为【单实线】，宽度设置为【0.5 磅】。操作步骤如下。

① 选中艺术字标题，选择【绘图工具】。

② 在【格式】选项卡中【艺术字样式】分组中选择【文本填充】，在【标准色】中选择【浅绿】，将艺术字的填充颜色设置为【浅绿】。

③ 选择【绘图工具】，在【格式】选项卡中【艺术字样式】分组中选择【文本轮廓】，在其列表中的【主题颜色】中选择【黑色】，将线条颜色设置为【黑色】，【虚线】设置为【单实线】，【粗细】设置为【0.5 磅】，如图 7-4 所示。

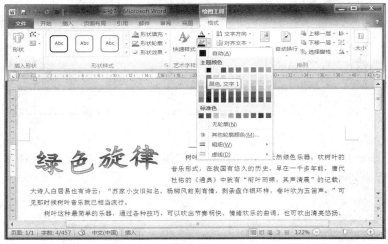

图 7-4　设置艺术字的线条和颜色

（4）设置艺术字的版式。设置艺术字的环绕方式为【紧密型】
① 选择【绘图工具】，在【格式】选项卡中【排列】分组中选择【位置】，如图 7-5 所示。

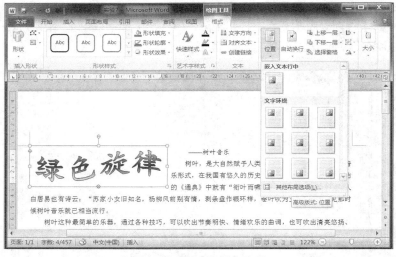

图 7-5　选择【位置】选项

② 在其列表中选择【其他布局选项】，打开【布局】对话框，选择【文字环绕】选项卡，设置环绕方式为【紧密型】，如图 7-6 所示。

【实验 7.3】插入剪贴画

【实验内容】

（1）插入剪贴画。

（2）设置剪贴画的格式。

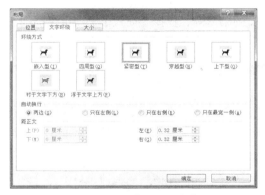

图 7-6　设置【环绕方式】

【实验步骤】

1．插入剪贴画

在正文的第 1 段中，插入一幅【树叶】的剪贴画

（1）将光标定位在正文第 1 段中，选择【插入】选项卡的【插图】分组中的【剪贴画】选项，如图 7-7 所示。

图 7-7　插入剪贴画

（2）在工作区右侧会出现【剪贴画】任务窗格，按照要求在搜索文字下面的文本框中输入【树叶】，单击【搜索】按钮，在下面的区域会出现搜索结果，如图 7-8 所示。

（3）选择想插入的图片，即在光标所在位置插入一幅【树叶】剪贴画。

2．设置剪贴画的格式

设置图片的环绕方式为【紧密型】

（1）选中要设置格式的剪贴画，选择【绘图工具】，在【格式】选项卡【排列】分组中选择【位置】。

（2）在其列表中选择【其他布局选项】，打开【布局】对话框，选择【文字环绕】选项卡，设置环绕方式为【紧密型】。

（3）适当的调整剪贴画的大小和位置。

【实验 7.4】插入图片

【实验内容】

（1）插入图片。

（2）设置图片格式。

【实验步骤】

1．插入图片

在正文的第三段插入本地磁盘中的一幅图片。

图 7-8　【剪贴画】任务窗格

（1）把光标定位在正文的第三段，选择【插入】选项卡【插图】分组中的【图片】选项，如图 7-9 所示。

图 7-9　插入图片

（2）在【插入图片】对话框中选择要插入的图片，单击【插入】按钮，如图 7-10 所示。

图 7-10　【插入图片】对话框

2．设置图片格式

设置图片的高度和宽度都是 4.2 厘米，将图片设为冲蚀效果，衬于文字下方。

（1）选择该图片，选择图片工具，在【格式】选项卡中选择【大小】分组中的【高级板式：大小】按钮，如图 7-11 所示。

图 7-11　选择【高级板式：大小】按钮

（2）打开【布局】对话框，在【大小】选项卡下，设置高度和宽度为 4.2 厘米，在【缩放】区域取消【锁定纵横比】复选框中的√，如图 7-12 所示。

（3）选择【图片工具】，在【格式】选项卡中选择【调整】分组的【颜色】选项，如图 7-13 所示。在下拉列表的【重新着色】中选择【冲蚀】。

（4）选择该图片，选择【绘图工具】，在【格式】选项卡中【排列】分组中选择【位置】。

（5）在【位置】列表中选择【其他布局选项】，打开【布局】对话框，选择【文字环绕】选项卡，设置环绕方式为【衬于文字下方】。

图 7-12　图片大小的更改

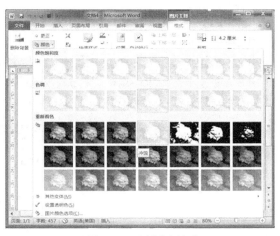
图 7-13　选择【颜色】

【实验 7.5】插入文本框

【实验内容】

（1）插入文本框。

（2）在文本框中输入文字。

（3）设置文本框格式。

【实验步骤】

1. 插入文本框

在正文第 1 段插入一横排文本框。

（1）将光标定位在正文第 1 段，选择【插入】选项卡【文本】分组中的【文本框】选项，如图 7-14 所示。

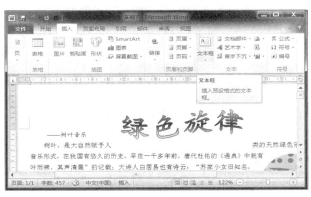
图 7-14　插入文本框

（2）在其列表中选择【绘制文本框】，鼠标变成十字形，单击并且拖曳鼠标，便插入了一个文本框。

2. 在文本框中输入文字

将正文第 1 段中白居易的诗句"苏家小女旧知名，杨柳风前别有情，剥条盘作银环样，卷叶吹为玉笛声。"移动到文本框中，字体设置为【华文新魏】，字号为【四号】，字形为【加粗】，字体颜色设置为【绿色】。

（1）选中正文第 1 段中的诗句"苏家小女旧知名，杨柳风前别有情，剥条盘作银环样，卷叶吹为玉笛声。"

（2）选择【开始】选项卡中【剪贴板】分组中的【剪切】选项，将诗句剪切到剪贴板上。

（3）在文本框中单击鼠标，将插入点定位到文本框中，选择【开始】选项卡中【剪贴板】分组中的【粘贴】选项，如图 7-15 所示，即可将该诗句移动到文本框中。

图 7-15　选择剪切、粘贴

（4）将字体设置为【华文新魏】，字号为【四号】，字形为【加粗】，字体颜色设置为【绿色】。

3．设置文本框格式

设置文本框填充颜色为【黄色】、线条颜色为【红色】、线型为【1.5 磅实线】，版式设置为【嵌入型】。

（1）选中文本框，选择【绘图工具】，选择【格式】选项卡中【形状样式】分组中的【形状填充】，在其列表【标准色】中选择【黄色】，设置文本框填充颜色为【黄色】。

（2）选择【绘图工具】，选择【格式】选项卡中【形状样式】分组中的【形状轮廓】，在其列表【标准色】中选择【红色】，设置线条颜色为【红色】。在【形状轮廓】列表中【虚线】选择【实线】，【粗细】选择【1.5 磅】，设置线型为【1.5 磅实线】。

（3）选中文本框，选择【绘图工具】，在【格式】选项卡中【排列】分组中选择【位置】，在其列表中选择【嵌入文本行中】，如图 7-16 所示。

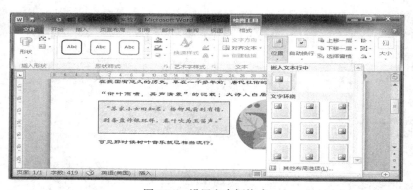

图 7-16　设置文本框格式

（4）选中文本框，将其拖动到正文第 1 段的"大诗人白居易也有诗云："之后。

【实验 7.6】插入形状

【实验内容】

（1）插入形状。

（2）向形状中添加文字。

（3）设置形状格式。

（4）为形状设置阴影效果。

（5）组合形状。

【实验步骤】

1. 插入形状

在文档中标题【绿色旋律】右边插入一个【云状图形】。

（1）将光标定位在文档标题的右边，选择【插入】选项卡【插图】分组中的【形状】。

（2）在其列表中选择【基本形状】中的【云形】，拖拽鼠标左键画一个适当大小的【云状图形】，如图 7-17 所示。

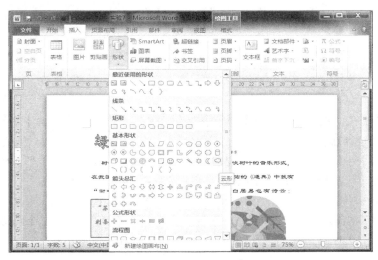

图 7-17 插入【形状】

2. 向形状中添加文字

在【云状图形】中添加文字【自然与音乐】，设置字体为【方正姚体】，字号为【小三】，字体颜色为【绿色】，对齐方式为【居中】。

（1）右击【云状图形】，在弹出的快捷菜单中选择【添加文字】菜单命令，则光标定位在【云状图形】中，输入【自然与音乐】。

（2）选中所输入的文字，设置字体为【方正姚体】，字号为【小三】，字体颜色为【绿色】，对齐方式为【居中】。

3. 设置形状格式

设置【云状图形】的填充颜色为【白色】，线条颜色为【蓝色】，线条宽度为【3 磅】。

（1）选中【云状图形】，选择【绘图工具】，选择【格式】选项卡，在【形状样式】分组中选择【形状填充】，在【主题颜色】中选择【白色】，将图形的填充颜色设置为【白色】。

（2）选择【绘图工具】，选择【格式】选项卡，在【形状样式】分组中选择【形状轮廓】，在【标准色】中选择【蓝色】，将图形的线条颜色设置为【蓝色】。

（3）选择【绘图工具】，选择【格式】选项卡，在【形状样式】分组中选择【形状轮廓】，在【粗细】中选择【3 磅】，即可将图形的线条宽度设置为【3 磅】，如图 7-18 所示。

4. 为形状设置阴影效果

在文档的合适位置插入【十字星】形状，将【十字星】填充上绿色，并将【十字星】阴影样式设置为【向右偏移】。在文档中添加 5 个这样的【十字星】，并将其分别放置在如图 7-20 样文所示的位置。

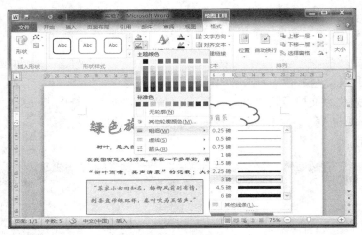

图 7-18 设置形状格式

（1）选择【插入】选项卡【插图】分组中的【形状】，在其列表中选择【星与旗帜】中的【十字星】，拖拽鼠标左键画一个适当大小的【十字星】，即可绘制出一个【十字星】形状。

（2）选中【十字星】，选择【绘图工具】，选择【格式】选项卡，在【形状样式】分组中选择【形状填充】，在【标准色】中选择【绿色】，将【十字星】填充上绿色。

（3）选中【十字星】，选择【绘图工具】，选择【格式】选项卡，在【形状样式】分组中选择【形状效果】，在【阴影】中的【外部】中选择【向右偏移】，将【十字星】阴影样式设置为【向右偏移】，如图 7-19 所示。

图 7-19 设置阴影

（4）然后右击【十字星】，选择【复制】快捷菜单，或者选中图形后按 Ctrl+C 组合键，将图形复制到剪贴板上，在文档中任意位置单击鼠标右键，选择【粘贴】快捷菜单，或者按 Ctrl+V 组合键，即可在文档中复制一个十字星状图形，使用此种方法复制 4 个十字星状图形，并将其调整到合适的位置。

5. 组合形状

将前面插入的 5 个【十字星】形状组合成一个对象。

（1）按下 Ctrl 键，单击所有要组合的图形使其处于选中状态。

（2）在选中的【十字星】上点击鼠标右键，选择【组合】快捷菜单中的【组合】选项，把全部选中的对象组合成一个对象。

以上设置完成后，按图 7-20 样文所示适当调整一下图片的大小和位置以及文字的位置，以"实验 7.docx"为文件名，将文件保存在 E 盘根目录下，并关闭文档。排版效果如图 7-20 所示。

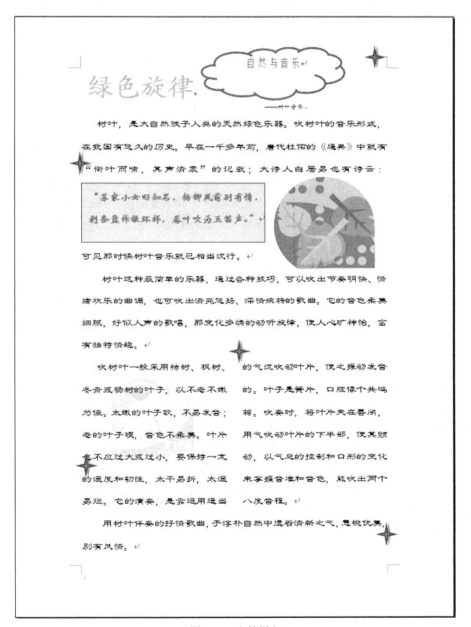

图 7-20　文档样文

四、能力测试

（1）新建 Word 文档，输入下面短文，并以"测试 7.docx"为文件名保存在当前文件夹。

【文本】

洛阳牡丹为多年生落叶小灌木生长缓慢，株型小，株高多在 0.5～2m 之间；根似肉质，粗而长，中心木质化，长度一般在 0.5～0.8m，极少数根长度可达 2m；根皮和根肉的色泽因品种而异；枝干直立而脆，圆形，为从根茎处生数枝而成灌木状，当年生枝光滑、草本，黄褐色，常开裂而剥落；叶互生，叶片通常为三回三出复叶，枝上部常为单叶，小叶片有披针、卵圆、椭圆等形状，顶生小叶常为 2～3 裂，叶上面深绿色或黄绿色，下为灰绿色，光滑或有毛；总叶柄长 8～20cm，表面有凹槽；花单于当年枝顶，两性，花大色艳，形美多姿，花径 10～30cm；花的颜色有白、黄、粉、红、紫红、紫、墨紫（黑）、雪青（粉蓝）、绿、复色十大色；雄雌蕊常有瓣化现象，花瓣自然增多和雄、雌蕊瓣化的程度及品种、栽培环境条件、生长年限等有关；正常花的雄蕊多数，结籽力强，种子成熟度也高，雌蕊瓣化严重的花，结籽少而不实或不结籽，完全花雄蕊离生，心皮一般 5 枚，少有 8 枚，各有瓶状子房一室，边缘胎座，多数胚珠，骨果五角，每一果角结籽 7～13 粒，种子类圆形，成熟时为土黄色，老时变成黑褐色，成熟种子直径 0.6～0.9cm，千粒重约 400g。

产地与习性：原产于中国西部秦岭和大巴山一带山区，汉中是中国最早人工栽培牡丹的地方，为落叶亚灌木。喜凉恶牡丹热，宜燥惧湿，可耐-30℃的低温，在年平均相对湿度 45%左右的地区可正常生长。喜阴，亦少不耐阳。要求疏松、肥沃、排水良好的中性土壤或砂土壤，忌黏重土壤或低温处栽植。花期 4～5 月。多采用嫁接方法进行栽培，因为与芍药同属芍药属，又多选用芍药作为砧木。

应用：洛阳牡丹观赏部位主要是花朵，其花雍容华贵、富丽堂皇，素有"国色天香"、"花中之王"的美称。洛阳牡丹可在公园和风景区建立专类园；在古典园林和居民院落中筑花台种植；在园林绿地中自然式孤植、丛植或片植。也适于布置花境、花坛、花带、盆栽观赏，应用更是灵活，可通过催延花期，使其四季开花。根皮入药，花瓣可酿酒。

（2）在文档的第 1 行插入标题"洛阳牡丹"。

（3）设置正文各段文字的字体为隶书，字号为小四，首行缩进 2 字符，段前间距为 0.5 行。

（4）设置正文第 1 段首字下沉，下沉 2 行，并将第 1 段加外框，外框类型为方框，宽度为 1.5 磅，不设置右边框。

（5）设置第 3 段开头的"应用："字体为宋体，四号字加粗，底纹填充为橙色。

（6）使用查找替换功能将正文中所有"牡丹"改为"富贵花"。

（7）将标题"洛阳牡丹"改为艺术字，艺术字样式为第五行第三个，宋体 36 号，艺术字形状为"上弯弧"，文字环绕方式为"四周型"，居中对齐，适当的调整下艺术字的位置。

（8）将一幅牡丹花的图片插入第一段文本中，图片版式为"四周型"，设置图片样式为"金属框架"，设置图片大小宽度为 4.8 厘米，高 4.4 厘米，适当的调整下图片的位置。

（9）在文档的末尾插入一竖排文本框，在文本框中输入：

赏牡丹

——刘禹锡

庭前芍药妖无格，池上芙蕖净少情。

惟有牡丹真国色，花开时节动京城。

并将文字设置为华文行楷，四号字，居中对齐。文本框边框线为蓝色，线条宽度为 3 磅。在文本框中插入一幅牡丹花的图片，适当的调整下图片的大小。

（10）在艺术字标题的左边绘制两个【十字星】图形，并填充上黄色，在艺术字标题的右边绘制横卷形图形。将横卷形图形设置为红色边框，黄色底纹，并输入班级、学号、姓名等内容，将文字颜色设置成绿色。

（11）将文档以原文件名保存，最终效果如图 7-21 所示。

图 7-21　样文

*实验 8
WPS 2010 文字处理的基本操作

一、预备知识

WPS Office 2010 是开放、高效的互联网协同办公软件。

作为第一款中国人自主研发的文字处理软件，金山 WPS Office 以其中文办公特色、绿色小巧、易于操作、最大限度地与微软 Office 产品兼容等优势，已成为众多企事业单位的标准办公平台。

中国的政府、机关很多都装有 WPS Office 办公软件。WPS Office 2010 大大加强了编辑和排版、文字修饰、表格和图像处理等的功能，兼容更多的文件格式，可以编辑处理文字、表格、图像、多媒体等多种对象，是一套具有报告演示、多媒体播放、电子邮件发送、公式编辑、图文框处理、表格处理、图像编辑、样式处理、语音控制等诸多功能的大型办公软件。

WPS Office 2010 以强大的图文混排功能、优化的引擎和强大的数据处理功能和专业的动漫效果等，完全符合现代化中文办公的要求。WPS Office 2010 主要包括 WPS 文字（WPS）、WPS 表格（ET）、WPS 演示（WPP）三大模块，分别对应微软公司 MS Office 的 Word、Excel、PowerPoint。

1. WPS Office 2010 的启动与退出

（1）WPS Office 2010 的启动。WPS Office 2010 的启动和运行有多种方法，现介绍最简便最常用的两种方法。

① 第一种方法

最简便快捷的方式是在 Windows 桌面上，用鼠标双击【WPS 文字】图标，系统立即进入 WPS Office 2010 文字编辑工作界面，如图 8-1 所示。

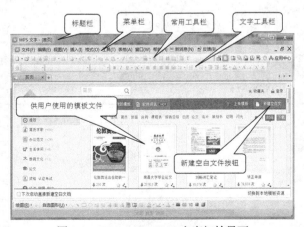

图 8-1　WPS Office 2010 文字初始界面

② 第二种方法

选择【开始】|【所有程序】|【WPS Office 个人版】|【WPS 文字】命令，系统也可进入如图 8-1 所示的 WPS 文字编辑工作界面。

（2）WPS Office 2010 的退出。当用户需要结束（退出）WPS Office 运行环境时，可使用以下几种方法。

① 按键盘上的 Alt+F4 组合键（即同时按下 Alt 和 F4 两个键）。

② 选择【文件】菜单中的【退出】命令。

③ 单击 WPS Office 窗口标题栏右侧的【关闭】按钮。

④ 单击 WPS Office 窗口标题栏左侧的【控制菜单】图标 ，在下拉列表中选择"关闭"命令。

2. WPS Office 2010 的界面简介

在 WPS Office 2010【首页】中有：【标题栏】、【菜单栏】、【常用工具栏】、【文字工具栏】、【供用户使用的各式各样的模板文件】以及【建立空白文件】的按钮等。其中特别强调的是中文办公系统的特色——有大量的模板文件供用户直接调用（单击）。例如：我想写一份"简历"或"求职简历"，只需用鼠标左键双击【简历】或【求职简历】小图标，电脑立即调出标准的简历文档，其中一般通用的格式都设计好了，只需输入姓名、性别、身份证号码等基本信息，做适当的修改就可以了，立即存盘、打印输出。

在 WPS Office 2010【首页】的最左边有【模板类别】字样，它的下属列表中有【简历求职】、【教学课件】、【行政公文】、【法律合同】、【财务报表】……这些均叫【命令按钮】，当鼠标单击某【命令按钮】，例如单击【财务报表】按钮，电脑将各式各样的财务报表以图标的形式显示在右边窗格中，供用户使用。其中大部分模板文件是临时从网上下载下来的，特别是有些时效性特强的文件，总是以最新最标准的形式出现；也有少部分模板是随【安装软件包】带入系统的，可以脱机（没有连网）使用。

如不需调用模板，用户可在首页中单击【常用工具栏】最左边的【新建空白文档】按钮 ，或单击屏幕右边的 新建空白文 按钮，将进入空白文档编辑界面，如图 8-2 所示。

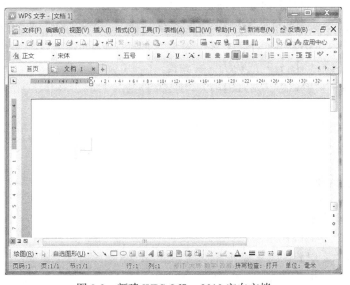

图 8-2　新建 WPS Office 2010 空白文档

下面分别介绍 WPS Office 2010 窗口的几个重要组成部分。

① 菜单栏

WPS Office 2010 菜单栏提供了与各功能的链接，可以选择要进行的各种操作。当用鼠标单击菜单栏中各命令时，均可弹出相应的下拉菜单，从中可以选取用户所需要的操作命令，如图 8-3 所示，其功能和 Word 2010 的菜单栏相似。

图 8-3　WPS Office 2010 菜单栏

② 常用工具栏

WPS Office 2010 的工具栏提供了各种相关操作的工具，并用形象的图标表示，单击其中的某一图标后，即会执行该图标代表的功能，如图 8-4 所示，其功能和 Word 2010 的常用工具栏相似。

图 8-4　WPS Office 2010 的常用工具栏

③ 文字工具栏

WPS Office 2010 的文字工具栏一般位于常用工具栏下方，如图 8-5 所示，其功能和 Word 2010 的格式工具栏相似。

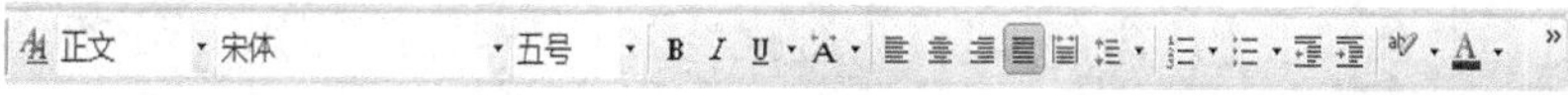

图 8-5　WPS Office 2010 的文字工具栏

3. WPS 文字的基本操作

打开 WPS Office 2010 的文字处理软件（以下简称 WPS 文字），可以在其中输入文字、插入图片、进行文字和图形的复制、移动、查找、替换等操作。还可以对字符格式进行各式各样的设置，使得排出的文字版式更加大方美观。

4. WPS Office 对象及其操作

在 WPS Office 中对象指的是有明确逻辑意义的、独立的单个实体。例如文章中的表格、插图、嵌入的声音、动画等，都是一个个的对象。对象总是以一个整体的形式存在的，插图的大小、位置可随意修改，但不能将图分割成两块分别放置。

在 WPS Office 中可对对象进行的操作有创建、选中、修改、对齐、拼接、组合、分解（有组合就有分解）、删除、复制等。

对象框是把对象放入框中就成为对象框。在 WPS Office 中，对象框可以是图形框、图像框、文字框、OLE 框或表格框等。

二、实验目的

（1）掌握 WPS 文字的基本操作。

（2）掌握 WPS 文字格式设置。

（3）掌握 WPS 中对象的基本操作。

（4）掌握 WPS 文字中长文档的编辑操作。

【实验 8.1】WPS 文字的基本操作

【实验内容】

（1）WPS 文稿的建立、保存、关闭和打开。

（2）文档的基本编辑操作。

【实验步骤】

1. 新建一个空白文档，设置自己熟悉的中文输入法，并输入以下文字，以【WPS1.wps】保存到 E 盘下，最后关闭所建立的文档。

文档内容：

有人安于某种生活，有人不能。因此能安于自己目前处境的不妨就如此生活下去，不能的只好努力另找出路。你无法断言哪里才是成功的，也无法肯定当自己到达了某一点之后，会不会快乐。有些人永远不会感到满足，他的快乐只建立在不断地追求与争取的过程之中，因此他的目标不断地向远处推移。这种人的快乐可能少，但成就可能大。

一个人的处境是苦是乐常是主观的。

苦乐全凭自己判断，这和客观环境并不一定有直接关系，正如一个不爱珠宝的女人，即使置身在极其重视虚荣的环境，也无伤她的自尊。拥有万卷书的穷书生，并不想去和百万富翁交换钻石或股票。满足于田园生活的人也并不美慕任何学者的荣誉头衔，或高官厚禄。

他的爱好就是他的方向，他的兴趣就是他的资本，他的性情就是他的命运。

（1）在 Windows 桌面上，用鼠标双击【WPS 文字】图标，启动 WPS 系统进入 WPS 文字首页，单击【常用工具栏】最左边的【新建空白文档】按钮，就可以成功创建一个空白文档，如图 8-6 所示。

（2）选择自己熟悉的输入法输入上述文档内容，输入文字一般在插入状态下进行。在输入文本时，不用每行都用 Enter 键来换行，因为 WPS 有自动换行的功能，因此只有在段落结束时再使用 Enter 键换行。如果在编辑中，出现了误操作，或操作错误，使用【撤销】按钮或 Ctrl+Z 组合键撤销错误的操作。输入结果如图 8-7 所示。

图 8-6　新建空白文档

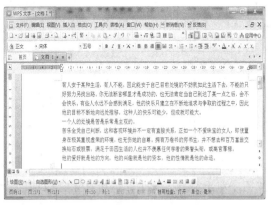

图 8-7　输入文档

（3）文本输入结束后，在【文件】菜单下选择【保存】选项，如图 8-8 所示。出现【另存为】对话框，在弹出对话框中选择保存的路径，选择【本地磁盘(E:)】作为保存位置。在【文件名】下拉列表框中输入"WPS1"，在【保存类型】下拉列表框中选择【WPS 文字文件(*.wps)】选项，然后单击【保存】按钮即可将文档以【WPS1.wps】为名保存到 E 盘。

（4）保存成功后，在【文件】菜单下单击【关闭】选项，或者单击标题栏右边的关闭窗口按钮 █ x █，即可关闭当前文档。

2. 打开"WPS1.wps"文档，在文档的开头插入一行标题"境由心造"；将正文的第1段和第2段互换；在正文第2段前添加符号【★】；将文档最后一段中的所有"他"字替换为"你"字；最后在文档的末尾插入创建文档的当前日期和时间。

（1）在【文件】菜单下单击【打开】选项，打开【打开】对话框，如图8-9所示，在【查找范围】下拉列表框中选择【本地磁盘(E:)】，然后在出现的文件列表中选择【wps1】，单击【打开】按钮打开文档。或者在【文件】菜单下【最近所用文件】列表中单击【E:\wps1.wps】文件名，打开文档。

图 8-8 保存文档文件

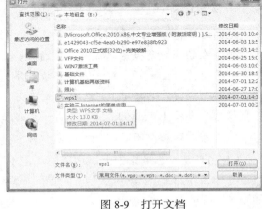

图 8-9 打开文档

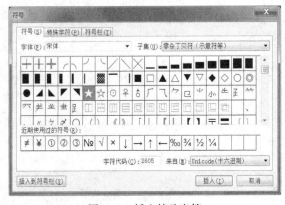

图 8-10 插入特殊字符

（2）把光标定位在文章开始的"有人安于某种生活"的左边，输入"境由心造"，然后按 Enter 键换行即可完成标题的插入。

（3）选定文档正文的第1段文本，选择【编辑】|【剪切】选项，或者按 Ctrl+X 组合键，将选定的内容剪切到剪贴板上。将光标定位在第2段文本之后，并按 Enter 键，在当前光标处选择【编辑】|【粘贴】选项，或者按 Ctrl+V 组合键，把剪贴板上的内容粘贴到当前光标位置，即可完成第1段和第2段的互换。

（4）将光标定位在第2段的段首，单击【插入】|【符号】选项，打开【符号】对话框，选择【符号】选项卡，选择符号【★】单击【插入】按钮或双击符号【★】，即可在第2段前插入符号【★】，如图8-10所示。

（5）选择最后一段文字，选择【编辑】|【替换】选项，打开【查找和替换】对话框，在【查找内容】文本框中输入"他"，在【替换为】文本框中输入"你"，如图8-11所示，而后单击【全部替换】按钮，即可把最后一段中的所有"他"字替换成"你"字。

（6）将光标定位在文档的末尾，单击【插入】|【日期和时间】选项，打开【日期和时间】对话框，如图8-12所示。在【日期和时间】对话框中选择如图所示的日期和时间格式，单击【确定】按钮即可在文档末尾插入日期和时间。

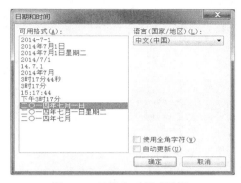

图 8-11　【查找和替换】对话框　　　　图 8-12　日期和时间对话框

（7）编辑完成后，单击【文件】|【保存】选项，将修改后的文档进行保存。

【实验 8.2】设置 WPS 文字的格式

【实验内容】

（1）设置字符格式。

（2）页面设置。

（3）设置段落格式。

（4）添加边框和底纹。

（5）添加项目符号。

（6）设置首字下沉。

（7）设置分栏。

（8）设置页眉、页脚。

（9）保存文档。

【实验步骤】

1. 将文档中的标题"境由心造"字体设置为华文彩云、三号字、深红色，字符间距设置为加宽 6 磅、文字提升 6 磅、加着重号；将正文的字体设置为隶书、四号。

（1）标题行字体格式的设置。

① 选定标题行"境由心造"，选择【格式】|【字体】选项，打开【字体】对话框，选择【字体】选项卡，如图 8-13 所示。在【中文文体】下拉列表框中选择【华文彩云】。在【字号】下拉列表框中选择【三号】。在【所有文字】区域的【字体颜色】下拉列表框中选择【深红色】，在【着重号】下拉列表框中选择"·"。

② 在此对话框中打开【字符边距】选项卡，如图 8-14 所示。在【间距】下拉列表框中选择【加宽】，在【值】数值框中输入 6，在单位下拉列表中选择【磅】，在【位置】下拉列表框中选择【上升】，在【值】数值框中输入 6，在单位下拉列表中选择【磅】。

③ 设置完成后，单击【确定】按钮即可完成标题"境由心造"字体的设置。

（2）正文字体格式设置。

选定除标题以外的正文，在【文字工具栏】的【字体样式】下拉列表框中选择【隶书】，在【字号】下拉列表框中选择【四号】，如图 8-15 所示。

2. 将文档的上下边距均设置为 2 厘米，左右边距均设置为 2.5 厘米，装订线 1 厘米，装订线位置在上方；将纸张大小设置为 B5；设置页眉距边界 1 厘米，页脚距边界 1.2 厘米；设置每页 25 行，每行 30 个字。

图 8-13 【字体】选项卡

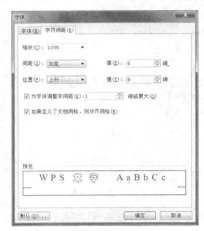
图 8-14 【字符间距】选项卡

图 8-15 字体格式设置

（1）页边距设置。

选择【文件】|【页面设置】选项，打开【页面设置】对话框，在【页面设置】对话框的【页边距】选项卡中设置上、下边距为 2 厘米，左、右边距为 2.5 厘米，装订线宽设置为 1 厘米，装订线的位置为【上】，在预览区的【应用于】下拉列表框中选择【整篇文档】，如图 8-16 所示。

（2）选择【纸张】选项卡，设置纸张大小为【B5(JIS）】，在预览区的【应用于】下拉列表框中选择【整篇文档】，如图 8-17 所示。

图 8-16 【页边距】选项卡

图 8-17 【纸张】选项卡

（3）选择【版式】选项卡，设置页眉距边界 1 厘米，页脚距边界 1.2 厘米，在预览区的【应用于】下拉列表框中选择【整篇文档】，如图 8-18 所示。

（4）选择【文档网格】选项卡，在网格区域选择【指定行和字符网格】单选按钮，字符区域每行设置为 30，行区域每页设置为 25，在预览区的【应用于】下拉列表框中选择【整篇文档】，如图 8-19 所示。

（5）当所有选项卡都设置完之后，单击【确定】按钮即可完成页面设置。

3. 将文档的第 1 行标题设置为居中对齐；将正文设置为两端对齐、首行缩进 2 个汉字、段前间距 0.3 行、段后间距 0.2 行、行间距为固定值 20 磅。

（1）选中第 1 行标题，单击【文字工具栏】中的【居中对齐】按钮 ，即可把标题设置为居中对齐。

（2）将正文选中，选择【格式】|【段落】选项，打开【段落】对话框。选择【缩进和间距】选项卡，在【常规】区域的【对齐方式】下拉列表框中选择【两端对齐】；在【缩进】区域的【特殊格式】下拉列表框中选择【首行缩进】，在【度量值】数值框中输入【2】；在【间距】区域的【段前】和【段后】数值框中分别输入【0.3】和【0.2】；在【行距】下拉列表中选择【固定值】，在【设置值】微调框中输入【20】，设置完成后，如图 8-20 所示。单击【确定】按钮。

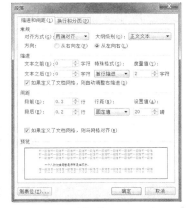

图 8-18　【版式】选项卡　　　　图 8-19　【文档网格】选项卡　　　　图 8-20　【段落】对话框

4. 将标题加边框，线条粗细为 3 磅，颜色为浅蓝色；将正文的第 3 段加淡蓝色 5%底纹；为文档设置页面边框，线型为单实线，线条粗细为 1 磅，颜色为绿色，并取消上方边框。

（1）选中第 1 行标题，选择【格式】|【边框和底纹】选项，打开【边框和底纹】对话框，选择【边框】选项卡，在设置区域选择【方框】，颜色选择【浅蓝色】，宽度选择【3 磅】，【应用于：】的范围选择【文字】，单击【确定】按钮完成边框的设置，如图 8-21 所示。

（2）选中正文的第 3 段，选择【格式】|【边框和底纹】选项，打开【边框和底纹】对话框，选择【底纹】选项卡，填充颜色选择【淡蓝】，图案样式选择【5%】，单击【确定】按钮完成底纹的设置，如图 8-22 所示。

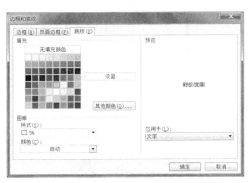

图 8-21　添加边框　　　　　　　　图 8-22　添加底纹

（3）选择选择【格式】|【边框和底纹】选项，打开【边框和底纹】对话框，选择【页面边框】选项卡，在设置区域选择【方框】，线型选择【单实线】，颜色选择【绿色】，宽度选择【1磅】，在预览区域用鼠标单击上边框按钮 或者图示中的上边框线，即可取消上方边框，单击【确定】按钮完成页面边框的设置，如图 8-23 所示。

5. 将正文的第 3 段和第 4 段增加项目符号◆。

选中正文第 3 段和第 4 段文字，选择【格式】|【项目符号和编号】选项，打开【项目符号和编号】对话框，在【项目符号】选项卡中，选取项目符号◆，单击【确定】按钮，即可完成项目符号的添加，如图 8-24 所示。

图 8-23　设置页面边框　　　　　图 8-24　添加项目符号

6. 将正文第 2 段设置为【首字下沉】，下沉三行。

选取正文第 2 段，选择【格式】|【首字下沉】选项，打开【首字下沉】对话框，位置选择【下沉】，下沉行数为 3 行，单击【确定】按钮完成首字下沉的设置，如图 8-25 所示。

7. 将正文第 3 段分为等宽的两栏，栏间距为 1.5 字符，并加分隔线。

选取正文的第 3 段，选择【格式】|【分栏】选项，打开【分栏】对话框，在预设区域选择【两栏】，间距设置为 1.5 字符，选中【栏宽相等】复选框，选中【分隔线】复选框，单击【确定】按钮完成分栏设置，如图 8-26 所示。

 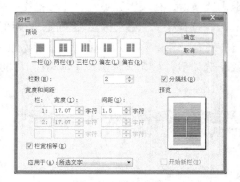

图 8-25　设置首字下沉　　　　　图 8-26　设置分栏

8. 为文档添加页眉文字"罗兰小语"，默认字体，靠左；添加页脚内容为自己的姓名、学号和日期，字体为楷体，字号为小五，居中对齐。

选择【视图】|【页眉和页脚】选项，正文变成了灰色。在【页眉区】输入"罗兰小语"。选择【文字工具栏】中的【左对齐】按钮 ，即可靠左显示。单击【页眉和页脚】工具栏中的【在

页眉和页脚间切换】按钮，切换到【页脚区】输入自己的姓名、学号。在【页眉和页脚】工具栏中选择【日期和时间】按钮，插入当前日期，字体设置为楷体，字号为小五，对齐方式为【居中】。设置完成后，单击【页眉和页脚】工具栏中的【关闭】按钮，或在文档正文部分双击鼠标左键即可返回正文编辑状态，如图 8-27 所示。

图 8-27　页眉和页脚工具

9. 将排好版的文档以"wps2.wps"为文件名，保存在 E 盘下。

以上操作完成后，文档的效果如图 8-28 所示。选择【文件】|【另存为】选项，打开【另存为】对话框，选择保存位置为【本地磁盘(E:)】，文件名为"wps2.wps"，保存类型为"wps 文字 文件（*.wps）"，然后单击【保存】按钮，即可完成文档的保存。

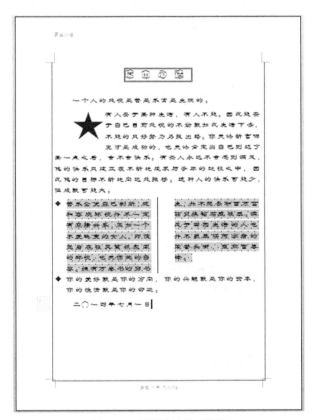

图 8-28　排版后的文档效果

【实验 8.3】WPS 中对象的使用

【实验内容】

（1）向文档中插入艺术字。

（2）向文档中插入剪贴画。

（3）在文档中使用来自文件的图片。

（4）文本框的使用。

（5）绘制各种形状图形。

【实验步骤】

1. 插入艺术字

向【wps2.wps】文档中插入艺术字【绿色心情】，指定艺术字字体为楷体、字号为 36 号；艺术字形状设置为【波形 2】；艺术字的填充颜色设置为【浅绿】，线条颜色设置为【黑色】，虚实设置为【单实线】，宽度设置为【0.5 磅】；艺术字的环绕方式为【紧密型】。

（1）打开【wps1.wps】文档，选择【插入】|【图片】|【艺术字】选项，打开【艺术字库】对话框，如图 8-29 所示。在其列表中选择第三行第四列的【艺术字】样式，单击【确定】按钮。弹出【编辑'艺术字'文字】对话框，如图 8-30 所示。在弹出的对话框中，在文字编辑区输入"绿色心情"，选择字体为楷体，字号为 36 号字，单击【确定】按钮，即可向文档中插入艺术字。

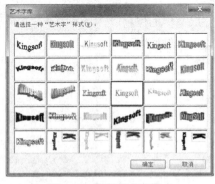

图 8-29　选择艺术字样式

图 8-30　编辑'艺术字'

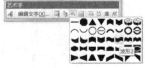

图 8-31　艺术字形状设置

（2）选中艺术字，单击【艺术字】工具栏上【艺术字形状】按钮，在弹出的形状列表中选择【波形 2】，如图 8-31 所示，完成艺术字形状设置。

（3）选中艺术字，单击【艺术字】工具栏上【设置艺术字格式】按钮，打开【设置对象格式】对话框。选择【颜色与线条】选项卡，将艺术字的填充颜色设置为【浅绿】，线条颜色设置为【黑色】，虚实设置为【单实线】，宽度设置为【0.5 磅】，如图 8-32 所示。

（4）选择【版式】选项卡，设置环绕方式为【紧密型】，如图 8-33 所示。

图 8-32　设置艺术字的【线条和颜色】

图 8-33　设置【环绕方式】

2. 插入剪贴画

在正文的第 2 段中，插入一幅【节日】的剪贴画，并设置图片的环绕方式为【紧密型】。

（1）将光标定位在正文第 1 段中，选择【插入】|【图片】|【剪贴画】选项，在工作区右侧会出现【剪贴画】任务窗格，在类别下拉列表中选择【节日】，则在下面的【预览】区域会出现有关节日的剪贴画，如图 8-34 所示。双击想插入的图片，即在光标所在位置插入一幅【节日】剪贴画。

图 8-34   插入剪贴画

（2）右击该剪贴画，在弹出的快捷菜单中选择【设置对象格式】命令，即打开【设置对象格式】对话框，选择【版式】选项卡，在【环绕方式】中选择【紧密型】，单击"确定"按钮，即可完成剪贴画格式的设置。

3. 插入图片（来自文件）

在正文的第四段插入本地磁盘中的一幅图片,设置图片的高度和宽度都是 4.2 厘米，并将图片左边和下边各裁剪 0.5 厘米，将图片设为冲蚀效果，衬于文字下方，添加阴影样式 2。

（1）把光标定位在正文的第四段，选择【插入】|【图片】|【来自文件】菜单命令，在【插入图片】对话框中选择要插入的图片，单击【插入】按钮，完成插入图片。

（2）双击该图片，打开【设置对象格式】对话框，在【大小】选项卡下，设置高度和宽度为 4.2 厘米，在【缩放】区域取消【锁定纵横比】复选框中的√，如图 8-35 所示。

（3）在【图片】选项卡中的【裁剪】区域，分别在【左】、【下】后面的文本框中输入 0.5 厘米，在【图像控制】区域，单击【颜色】后面的下拉按钮，在下拉列表中选择【冲蚀】，如图 8-36 所示。

（4）在【版式】选项卡中的【环绕方式】区域选择【衬于文字下方】，单击【确定】按钮。

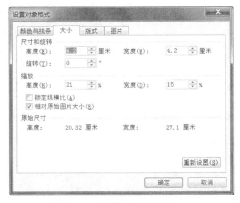

图 8-35   设置图片的大小

图 8-36   裁剪图片

（5）最后在【绘图】工具栏中单击阴影样式按钮，在弹出阴影样式列表中选择"阴影样式 2"。

4. 插入文本框

在正文第 1 段后插入一横排文本框；在文本框中输入诗句 "采菊东篱下,悠然见南山。"，字体设置为【华文新魏】，字号为【四号】，字形为【加粗】，字体颜色设置为【绿色】；设置文本框填充颜色为【黄色】、线条颜色为【红色】、线型为【1.5 磅实线】，版式设置为【四周型】。

（1）选择菜单【插入】|【文本框】|【横排】命令，鼠标指针变成十字形，将十字光标移到正

文第1段后，按住鼠标左键并且拖曳鼠标，即可在文档中绘制一个文本框。

（2）在文本框中输入诗句："采菊东篱下,悠然见南山。"，并将字体设置为【华文新魏】，字号为【四号】，字形为【加粗】，字体颜色设置为【绿色】。

（3）选中文本框，将其拖动到正文第1段之后，右击文本框，选择【设置对象格式】命令，打开【设置对象格式】对话框，在【颜色与线条】选项卡中设置填充颜色为【黄色】、线条颜色为【红色】、线型为【实线】、粗细为【1.5磅】，如图8-37所示。

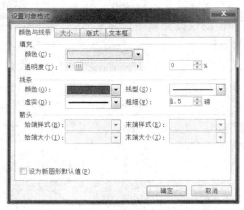

图8-37　设置文本框格式

（4）在【版式】选项卡中设置环绕方式为【四周型】，单击【确定】按钮，完成文本框的格式设置。

（5）设置完成的文档版面效果如图8-38所示，最后要对更改后的文档进行保存。

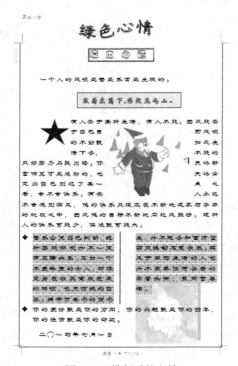

图8-38　排版后的文档

三、能力测试

（1）新建 WPS 文档，输入下面短文，并以"测试 8.wps"为文件名保存在 E 盘下。

【文本】

　　洛阳牡丹为多年生落叶小灌木生长缓慢，株型小，株高多在 0.5～2m；根似肉质，粗而长，中心木质化，长度一般在 0.5～0.8m，极少数根长度可达 2m；根皮和根肉的色泽因品种而异；枝干直立而脆，圆形，为从根茎处生数枝而成灌木状，当年生枝光滑、草本，黄褐色，常开裂而剥落；叶互生，叶片通常为三回三出复叶，枝上部常为单叶，小叶片有披针、卵圆、椭圆等形状，顶生小叶常为 2～3 裂，叶上面深绿色或黄绿色，下为灰绿色，光滑或有毛；总叶柄长 8～20cm，表面有凹槽；花单于当年枝顶，两性，花大色艳，形美多姿，花径 10～30cm；花的颜色有白、黄、粉、红、紫红、紫、墨紫（黑）、雪青（粉蓝）、绿、复色十大色；雄雌蕊常有瓣化现象，花瓣自然增多和雄、雌蕊瓣化的程度及品种、栽培环境条件、生长年限等有关；正常花的雄蕊多数，结籽力强，种子成熟度也高，雌蕊瓣化严重的花，结籽少而不实或不结籽，完全花雄蕊离生，心皮一般 5 枚，少有 8 枚，各有瓶状子房一室，边缘胎座，多数胚珠，骨果五角，每一果角结籽 7～13 粒，种子类圆形，成熟时为土黄色，老时变成黑褐色，成熟种子直径 0.6～0.9cm，千粒重约 400g。

　　产地与习性：原产于中国西部秦岭和大巴山一带山区，汉中是中国最早人工栽培牡丹的地方，为落叶亚灌木。喜凉恶牡丹热，宜燥惧湿，可耐-30℃的低温，在年平均相对湿度 45%左右的地区可正常生长。喜阴，亦少不耐阳。要求疏松、肥沃、排水良好的中性土壤或砂土壤，忌黏重土壤或低温处栽植。花期 4～5 月。多采用嫁接方法进行栽培，因为与芍药同属芍药属，又多选用芍药作为砧木。

　　应用：洛阳牡丹观赏部位主要是花朵，其花雍容华贵、富丽堂皇，素有"国色天香"、"花中之王"的美称。洛阳牡丹可在公园和风景区建立专类园；在古典园林和居民院落中筑花台种植；在园林绿地中自然式孤植、丛植或片植。也适于布置花境、花坛、花带、盆栽观赏，应用更是灵活，可通过催延花期，使其四季开花。根皮入药，花瓣可酿酒。

（2）在文档的第 1 行插入标题"洛阳牡丹"。

（3）设置正文各段文字的字体为隶书，字号为小四，首行缩进 2 字符，段前间距为 0.5 行。

（4）设置正文第 1 段首字下沉，下沉 2 行，并将第 1 段加外框，外框类型为方框，宽度为 1.5 磅，不设置右边框。

（5）设置第 3 段开头的"应用："字体为宋体，四号字加粗，底纹填充为橙色。

（6）使用查找替换功能将正文中所有"牡丹"改为"富贵花"。

（7）将标题"洛阳牡丹"改为艺术字，艺术字样式为第五行第三个，宋体 36 号，艺术字形状为"上弯弧"，文字环绕方式为"四周型"，居中对齐，适当的调整下艺术字的位置。

（8）将一幅牡丹花的图片插入第一段文本中，图片版式为"四周型"，设置图片样式为"金属框架"，设置图片大小宽度为 4.8 厘米，高 4.4 厘米，适当的调整下图片的位置。

（9）在文档的末尾插入一竖排文本框，在文本框中输入：

赏牡丹

——刘禹锡

庭前芍药妖无格，池上芙蕖净少情。

惟有牡丹真国色，花开时节动京城。

并将文字设置为华文行楷，四号字，居中对齐。文本框边框线为蓝色，线条宽度为 3 磅。在文本框中插入一幅牡丹花的图片，适当的调整图片的大小。

（10）在艺术字标题的左边绘制两个【十字星】图形，并填充上黄色，在艺术字标题的右边绘制横卷形图形。将横卷形图形设置为红色边框，黄色底纹，并输入班级、学号、姓名等内容，将文字颜色设置成绿色。

（11）将文档以原文件名保存，最终效果如图 8-39 所示。

图 8-39　样文

实验 9
Word 2010 综合测试

一、实验目的

（1）了解电子小报的一般制作过程。

（2）掌握电子小报的版面设计要点及报刊版面的结构。

（3）能够根据设计要求，熟练运用所学的 Word 2010 或 WPS 2010 知识进行设计。

（4）学生可以充分发挥自身的创造力与想象力，培养学生综合运用知识的能力。

（5）使学生获取信息的能力、设计能力和审美能力得到提高，制作出新颖、独特、吸引人的作品。

二、实验内容

1. 电子小报设计要求：

（1）主题鲜明突出、内容健康、有吸引力。

（2）表现形式多样，富于创意。

（3）形式和内容和谐统一。

2. 纸张要求：A4 纸（1 页）

3. 电子小报的内容要求：

（1）报头。报刊中最重要的部分是报头。报头主要写清楚小报名称、编者信息（系别、班级、学号、姓名如英语 08401 01 号 张三）、出版日期、期数等，还可适当插入一些图片。在设计报头的色彩时应注意，要突出字的色彩。报头要与小报内容相符合，与小报搭配协调，有层次感，主次分明。

（2）标题。标题是各篇稿件的题目。标题主要起突出报刊重点，引导读者阅读的作用。在形式上标题所用字号要大，地位要突出。

（3）专栏。专栏是由若干篇有共性的稿件组成的相对独立的版面。一般以精巧的头花（也叫专栏标题）统领，并用边线勾出，为版面中独具特色的小园地。

（4）文字。文字是小报的基本单位。小报的文本一般都采用六号宋体，少数采用五号字。小报中一般不使用繁体字。为了便于读者阅读，在页面中一般采用分栏形式。为了将文章与文章区分开来，一般都采用简单的文字框边线，或用不同的颜色文字、底纹色块来加以区别。

在文字的排版方式上，应尽量照顾读者的阅读习惯。横排时，从左到右，从上到下，竖排时，从上到下，从右到左。

（5）花边。花边是用来将文章与文章隔开，为美化版面而设立的。因此，在设计上要以造型简单为好。纹样不要复杂，色彩不要多样，整个版面不宜变换花边太多，一篇文章尽可能只用一种花边，边线数也以少为好。

（6）插图。为了活跃版面，在编排与设计时可在版面中恰当插入一些插图。这是由于图形在视觉上比文字更具有直观性的优势。插图既突出地烘托出本栏目的主题，又可获得理想的装饰效果。不过，在编排时也要考虑插图在版面中所占面积和分布情况。

4．手段的运用：

要求运用 Word 2010 或 WPS 2010 的基本格式设置（如字符格式、段落格式、分栏等）、图文混排技巧（如艺术字、图片、文本框、自选图形等）、页面设置等手段，至少包含 4 种以上设计手段。

5．评分标准：内容占 30%，美观度占 70%

6．奖项设置：一等奖 5 名，二等奖 10 名，三等奖 15 名

三、电子小报样文

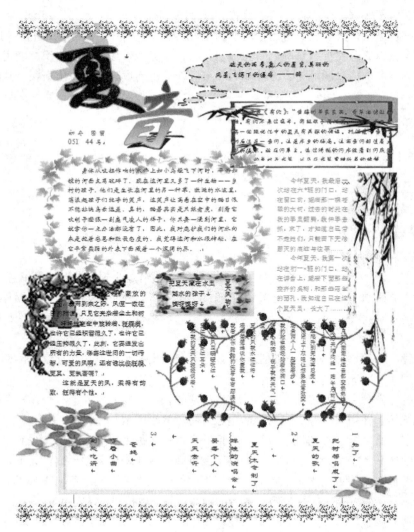

图 9-1　小报样文 1

样文 1 评语：

主题明确、突出，内容丰富，整体风格一致，能科学完整地表达主题思想。版面设计精美，色彩搭配得当。恰当选用 Word 制作工具和制作技巧，技术运用准确、适当、简捷。

图 9-2　小报样文 2

样文 2 评语：

优点：主题鲜明，内容一致，表现形式多样，形式和内容和谐统一。使用多种 Word 设计技巧及手段，运用得当。

缺点：色彩搭配不太谐调。

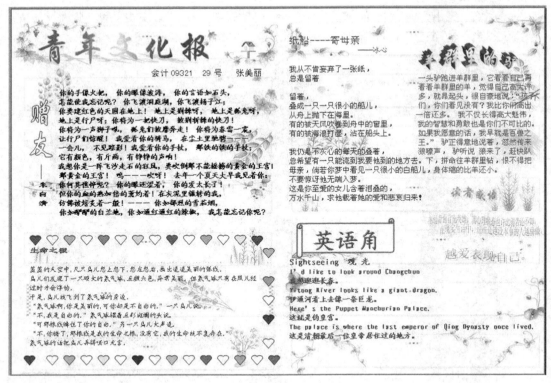

图 9-3　小报样文 3

样文 3 评语：

优点：主题明确，报头突出，内容丰富，整体风格一致，设计新颖，层次清晰，主次分明，有层次感。

缺点：文字较小。

实验 10
Excel 2010 基本操作

一、预备知识

Excel 2010 是一款专业的电子表格制作软件，集生成电子表格、输入数据、函数计算、数据管理与分析、制作图表、制作报表等多种功能为一体，被广泛应用于文秘办公、财务管理、市场营销和行政管理等工作中。

1. 熟悉 Excel 2010 的窗口组成

Excel 2010 窗口组成如图 10-1 所示。

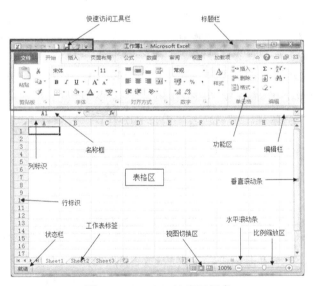

图 10-1　Excel 2010 窗口组成

（1）标题栏。标题栏位于窗口的最上方，由控制菜单图标、快速访问工具栏、工作簿名称和控制按钮等组成。

快速访问工具栏位于标题栏的左侧，用户可以单击【自定义快速访问工具栏】按钮，在弹出的下拉列表中选择常用的工具命令，将其添加到快速访问工具栏，以方便使用。

（2）功能区。功能区主要由选项卡、组和命令按钮等组成。通常情况下，Excel 工作界面中显示【开始】、【插入】、【页面布局】、【公式】、【数据】、【审阅】以及【视图】7 个选项卡。用户可以切换到相应的选项卡中，然后单击相应组中的命令按钮完成所需要的操作。

（3）名称框。名称框中显示的是当前活动单元格的地址或者单元格定义的名称、范围和对象。

（4）编辑栏。编辑栏用来显示或编辑当前活动单元格的数据和公式。

（5）表格区。表格区是用来输入、编辑以及查询的区域。

（6）状态栏。状态栏位于窗口的最下方，主要用于显示当前工作簿的状态信息。

（7）视图切换区。视图切换区位于状态栏的右侧，用来切换工作簿视图方式，它由【普通】按钮、【页面布局】按钮和【分页浏览】按钮组成。

（8）比例缩放区。比例缩放区位于视图切换区的右侧，用来设置显示比例。

2. 认识工作簿、工作表和单元格

（1）工作簿：在 Excel 2010 中，新建文件就是创建一个工作簿，其扩展名为.xlsx。默认情况下一个工作簿内包含 3 个工作表，分别以 Sheet1、Sheet2 和 Sheet3 命名。一个工作簿最多可以包含 255 个工作表，当前正在编辑的工作表称为活动工作表。

（2）工作表：由 65536 行和 256 列所构成的一个表格，其作用是存储和处理数据。工作表行号由上到下分别从"1"到"65536"进行编号；列号则从左到右采用字母"A"到"IV"进行编号。

（3）单元格：Excel 2010 用列标和行号表示某个单元格，如 B8 代表第 B 列第 8 行的单元格。由于一个工作簿可能会有多个工作表，在不同的工作表间操作时，可在地址前面增加工作表的名称，如 Sheet3!$B$8 是指"Sheet3"工作表中的"B8"单元格。

3. 编辑工作表数据

（1）单元格的选定。单元格是工作表最基本的组成单位，无论数据录入还是数据处理，都首先要选定单元格。选定一个单元格，只要用鼠标单击该单元格就可以了，也可以用编辑键盘移动光标到需要选定的单元格上。如果要选择一行或者一列单元格，只需单击工作表行标头或列标头。如果选定连续单元格，将光标定位在所选连续单元格的左上角，然后将鼠标从所选单元格左上角拖动到右下角，或者在按住 Shift 键的同时，单击需要选定的连续单元格的右下角即可。如果要选择多个不连续的单元格区域，可以先选定第一个区域后，再按住 Ctrl 键不放，然后选择其他的区域。

（2）行、列的选择。将鼠标指针移至起始列标的中央位置，如 E 列，然后，拖动鼠标指针至终止列标，如 F 列，则选择了 E 列至 F 列。而如果直接单击某列标，则只选择此列。选择行的操作与列的操作相似。

（3）选择整个表格。单击行号与列标相汇处，即【全选】按钮，便选择了工作表的所有单元格。

（4）输入数据。选中单元格输入数据，输入完毕后可以按 Enter 键或者单击编辑栏的【√】按钮确认输入，按 Esc 键或单击编辑栏中的【×】按钮取消本次操作。

① 文本输入

文本由汉字、数字、字母以及所有键盘能输入的符号组成。如果文本全由数字组成，例如，电话号码、学号等，则要在数字前加英文单引号（'），否则系统会将它们作为数值处理。当文本长度超过单元格的宽度时，只要拖动列标界线改变单元格的列宽就可以将隐藏的数据显示出来。

② 数值输入

数值类型的数据只能由数字 0～9、+、−、*、/、(、)、,、.、E、e、%、$、¥ 等组成，它们是可以进行数值运算的。如果输入分数，为了和"日期型"数据区别，应先输入"0"和空格，再输入分数，例如，输入【0　1/3】可得到 1/3。如果输入负数可以用【−】开始，也可以用( )的形式，例如，−95 也可以表示为(95)。输入的数值也可以带格式，例如，¥23.40、45%、4 500.00 等。

③ 日期和时间输入

输入日期可以用【/】或【-】连接，也可以使用年-月-日。例如，2014/01/15、2014-04-20、2014 年 02 月 27 日等。时间的格式是：hh:mm:ss(am/pm)，例如，12:05:27am。也可以同时输入日期和时间，但必须在日期和时间之间加一个空格，例如，2014/01/15 19:05:27am。在表格中将日期或时间作为数值进行处理。

④ 自动填充输入

为了提高输入效率，不仅可以通过键盘直接输入数据，还可以利用 Excel 提供的自动填充功能快速输入数据。所谓自动填充是指向一组连续的单元格中快速填充一组有规律的数据。数据的填充有多种方法。

a. 利用鼠标填充

在输入了第一个数据以后，移动鼠标到单元格右下角的黑方块即填充柄处，当指针变成小黑十字形状时，按住鼠标左键，拖动填充柄经过目标区域，当到达目标区域后，释放鼠标左键。

b. 利用菜单填充

首先输入第一个数据并选择好要填充数据的区域，单击【编辑】组中的【填充】按钮，然后从弹出的下拉列表中选择【系列】选项，弹出【序列】对话框，用户可以在【序列产生在】和【类型】组合框中选择合适的选项，在【步长值】文本框中输入合适的步长值。如果需要填充相同的数据，单击【编辑】组中的【填充】按钮，然后从弹出的下拉列表中选择【向下】即可。

c. 从下拉列表选择填充

在一列中输入一些数据之后，如果要在此列中输入与前面相同的内容，用户可以使用从下拉列表中选择的方法来快速地输入。例如：在单元格区域 D5：D7 中分别输入【市场部】、【销售部】、【财务部】，然后选中单元格 D8，单击鼠标右键，在弹出的快捷菜单中选择【从下拉列表中选择】菜单项，在单元格 D8 下方出现一个下拉列表，在此即可选择相应的部门选项。

4．工作表的格式化

（1）设置单元格格式。格式化单元格和区域前必须先选定它，然后通过【开始】菜单下的【字体】组中相应的按钮方便快捷地设置工作表中字符的字体、字形及颜色，以及单元格的边框和底纹，还可以在【数字】组中对数字设置货币样式、千位分隔样式、百分比样式、小数位数等格式。

（2）设置工作表的行高和列宽。可以在【单元格】组下的【格式】按钮下单击【行高】或【列宽】，在弹出的对话框中输入列宽或行高的值，然后单击【确定】按钮就可以更精细地调整行高和列宽。

（3）设置条件格式。Excel 2010 的条件格式非常实用，它可以使数据在满足不同条件时显示不同的格式。Excel 2010 的条件格式分为突出显示单元格规则、项目选取规则、数据条、色阶和图标集等，使用方法相类似。突出显示单元格规则比较常用。

（4）使用自动套用格式。为了方便用户进行格式编排，Excel 2010 提供了 60 种常用的表格格式供用户使用。先选中要进行格式编排的区域，在【开始】菜单下单击【样式】按钮，在展开的【样式】组中单击【套用表格格式】按钮，在弹出的下拉列表中选择合适的表格格式。

5．工作表的打印

（1）页面设置。页面设置主要是设置工作表的打印格式。单击【页面布局】菜单，在【页面设置】组中可以设置页边距、纸张方向、纸张大小、打印区域、分隔符、背景、打印标题等操作。

（2）打印预览。如果打印前想查看实际打印效果，可以使用打印预览功能。单击【文件】菜单下的【打印】命令，在右侧窗口就会出现预览打印效果。

（3）打印输出。在实际打印输出之前需要对打印参数进行设置。单击【文件】菜单下的【打印】命令，在展开的窗口中可以设置打印机、打印范围、指定打印份数等。

二、实验目的

（1）掌握 Excel 2010 的启动和退出方法。

（2）掌握在工作表中进行数据的输入、填充与编辑操作。

（3）掌握工作簿文件的含义，并掌握工作表的建立、保存、打开、关闭、复制、移动、删除、重命名等基本操作方法。

（4）掌握工作表中单元格行、列的复制、移动、删除、重命名等操作方法。

（5）掌握工作表的格式设置方法。

（6）掌握工作表的页面设置与打印预览。

三、实验内容及步骤

【实验 10.1】Excel 2010 的启动与退出

【实验内容】

（1）Excel 2010 的启动。

（2）Excel 2010 的退出。

【实验步骤】

1. Excel 2010 的启动

选择 Windows【开始】菜单【所有程序】子菜单中的【Microsoft Office】下的【Microsoft Excel 2010】命令，或双击桌面上的 Excel 2010 快捷图标，即可启动 Excel 2010。

2. Excel 2010 的退出

退出 Excel 2010 的方法也有很多种。

（1）在 Excel 工作界面中单击【文件】菜单中的【退出】菜单项，即可退出 Excel 2010。

（2）按 Alt+F4 组合键可快速退出 Excel 2010 程序。

（3）在 Excel 工作界面的右上角单击【关闭】按钮，即可退出 Excel 2010 程序，这是最常用的方法。

（4）单击 Excel 窗口左上角的 Excel 图标，在下拉菜单中单击【关闭】，退出 Excel 2010 程序。

（5）双击 Excel 窗口左上角的 Excel 图标，退出 Excel 2010 程序。

【实验 10.2】工作表的基本操作

【实验内容】

（1）新建工作簿文件。

（2）关闭工作簿文件。

（3）打开工作簿文件。

【实验步骤】

1. 新建一个工作簿文件保存到桌面，名称为"实验 10.xlsx"

启动 Excel 2010 后，系统会自动创建一个新的默认空白工作簿文件。除此之外，还有以下几种方法。

（1）在 Excel 2010 工作界面中单击【文件】菜单，在其下拉菜单中选择【新建】菜单项，在中间面板中选择【空白工作簿】选项，然后单击右下角的【创建】按钮即可创建一个新的空白工作簿，如图 10-2 所示。

图 10-2　文件菜单新建"空白工作簿"

（2）单击【自定义快速访问工具栏】按钮，在弹出的下拉列表中选择【新建】选项，将其添加到快速访问工具栏中，如图 10-3 所示。单击【新建】按钮即可创建一个新的工作簿。

图 10-3　自定义快速访问工具栏新建"空白工作簿"

（3）创建完工作簿之后，单击【文件】菜单，在弹出的下拉列表中选择【保存】菜单命令，如图 10-4 所示，会弹出【另存为】对话框。在【保存位置】栏选择桌面，在【文件名】位置栏输入【实验 10】，【保存类型】默认为【Excel 工作簿】，单击【保存】按钮即可，如图 10-5 所示。

2.　关闭工作簿文件"实验 10.xlsx"

单击 Excel 窗口中的【关闭】按钮或选择【文件】菜单下【关闭】菜单命令，关闭工作簿文件"实例 10"，如图 10-6 所示。

3.　在桌面上打开工作簿文件"实验 10.xlsx"

双击桌面上【实验 10】工作簿文件或启动 Excel 2010，选择【文件】菜单下的【打开】菜单命令，如图 10-7 所示。

图 10-4　保存工作簿

图 10-5　【另存为】对话框

图 10-6　关闭工作簿

图 10-7　打开工作簿

【实验 10.3】在工作表中输入数据

【实验内容】

（1）一般数据的输入。

（2）有序数据的输入。

（3）为单元格添加批注。

【实验步骤】

1. 一般数据的输入

打开"实验 10.xlsx"文件，在空白的工作表中输入如图 10-8 所示的数据。在 A1 单元格输入【吉商公司职工工资表】。输入样表中 A2:F2，B3：B14，C3:C14，D3：D14，E3：E14，F3:F14 区域的内容。

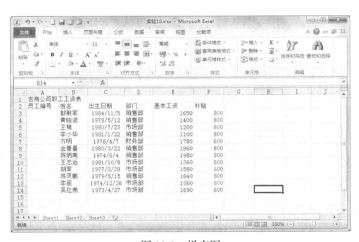

图 10-8　样表图

2. 有序数据的输入

在 A3 单元格输入【50001】，然后选中单元格 A3：A14，如图 10-9 所示。在【开始】选项卡的【编辑】组中单击【填充】按钮，在其下拉列表中单击【系列】，弹出【序列】对话框，其中【序列产生在】选择【列】,【类型】中选择【等差序列】,【步长】中输入【1】。如图 10-10 所示。单击【确定】按钮。

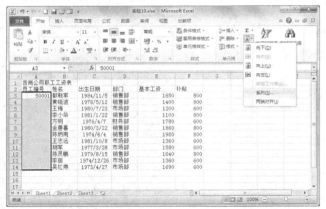

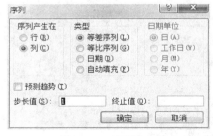

图 10-9　系列按钮

图 10-10　序列窗口

我们也可以使用快捷菜单填充数据，在 A3 单元格中输入【50001】，然后将鼠标指针移动到该单元格的右下角，当鼠标指针变成【+】形状时，按住鼠标右键不放向下拖动到 A14，松开鼠标弹出一个快捷菜单，选择【填充序列】菜单项，如图 10-11 所示。

3．为 E2 单元格添加批注"指岗位的基本工资"

选定 E2 单元格，单击鼠标右键，在弹出的快捷菜单中选择【插入批注】命令，如图 10-12 所示。或者使用菜单方式，单击"审阅"菜单，在"批注"组下单击"新建批注"也可。

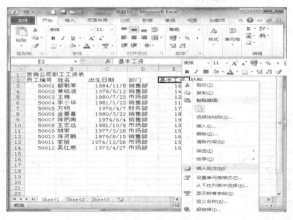

图 10-11　填充序列

图 10-12　插入批注

此时在该单元格旁边会弹出一个批注框，在其中输入批注内容，输入完成后，单击批注框外的任意工作区域，关闭批注框。

【实验 10.4】编辑工作表数据

【实验内容】

（1）选择工作表区域。

（2）删除或插入行、列。

（3）清除单元格。

（4）移动或复制单元格。

（5）撤销与恢复操作。

【实验步骤】

1. 选择工作表区域

（1）选中单元格。只需要将鼠标指针移动到该单元格上，单击鼠标左键即可。例如：单击 B10 单元格，【王志远】被选中，如图 10-13 所示。

（2）选中连续的单元格区域。在起始单元格上按住鼠标左键不放拖曳鼠标，指针经过的矩形区域即被选中。例如，单击 A3 单元格，按住鼠标左键不放拖曳到 A14，释放鼠标，则所有的员工编号即被选中，如图 10-14 所示。

图 10-13　选中"王志远"单元格　　　　图 10-14　选择连续的单元格区域

（3）选中不连续的单元格区域。选中第一个要选择的单元格或单元格区域，按住 Ctrl 键不放的同时依次选中要选择的单元格或单元格区域即可选中不连续的单元格区域。例如：先选中 A3:A14，按住 Ctrl 键不放，用鼠标指向 D3，按住左键向下拖动到 D14 松开鼠标按键，然后松开 Ctrl 按键，则所有的员工编号和部门被选中，如图 10-15 所示。

图 10-15　选择不连续的单元格区域

（4）选中整行或整列的单元格区域。只需要在要选中的行或列的行标题或列标题上单击即可选中整行或整列，如图 10-16、图 10-17 所示。

2. 删除或插入行、列

（1）先选择参照行，例如，在第 8 行前插入一新行。选中第 8 行，用鼠标右键单击，弹出快捷菜单，如图 10-18 所示。执行【插入】命令插入一个空行，在 A8：E8 区域依次输入：50110、白雪、1983-2-9、财务部、1640、600，如图 10-19 所示。

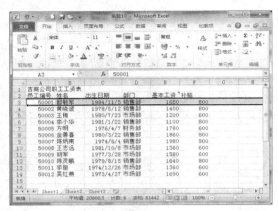

图 10-16　选择整行单元格

图 10-17　选择整列单元格

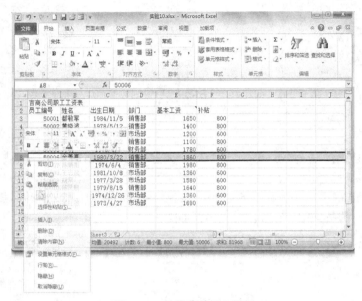

图 10-18　快捷菜单插入新行

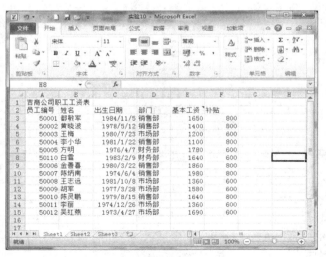

图 10-19　插入一条记录

　　或者选中第 8 行，在【开始】选项卡的【单元格】中单击【插入】按钮下的【插入工作表行】，即可以插入一个空行，如图 10-20 所示。

图 10-20　菜单方式插入新行

　　再次选中第 8 行，插入一空行，然后右键单击弹出快捷菜单，执行【删除】菜单命令，删除第 8 行。或者在【开始】选项卡的【单元格】组中单击【删除】按钮下的【删除工作表行】，也可以删除第 8 行。

　　（2）先选择参照列，例如：在第 C 列前插入一新列。选中第 C 列，用鼠标右键单击，弹出快捷菜单，单击【插入】命令，如图 10-21 所示。

图 10-21　快捷菜单插入新列

或者选中第 C 列，在【开始】选项卡的【单元格】组中单击【插入】按钮下的【插入工作表列】，即可以插入一个空列，如图 10-22 所示。

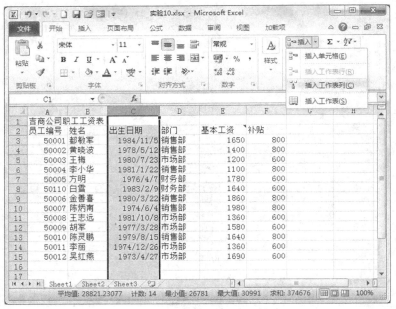

图 10-22　菜单方式插入新列

再次选中第 C 列，插入一空列，然后右键单击弹出快捷菜单，执行【删除】菜单命令，删除第 C 列。或者在【开始】选项卡的【单元格】组中单击【删除】按钮下的【删除工作表列】，也可以删除第 C 列。

3．删除单元格

选中 A8：F8 单元格区域，在【开始】选项卡的【单元格】组中单击【删除】按钮右侧的下箭头，在下拉列表中选择【删除单元格】，在弹出的【删除】对话框中，选择【下方单元格上移】，如图 10-23 所示。

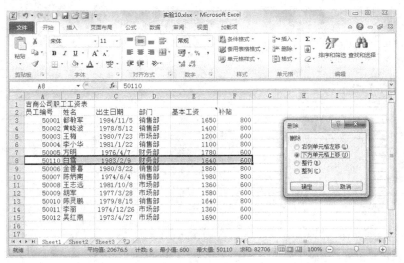

图 10-23　清除单元格内容

4. 移动或复制单元格

（1）将"部门"移动到"补贴"后面的 H 列。选中 D2：D14 区域，在【开始】选项卡的【剪贴板】组中单击【剪切】按钮，如图 10-24 所示。

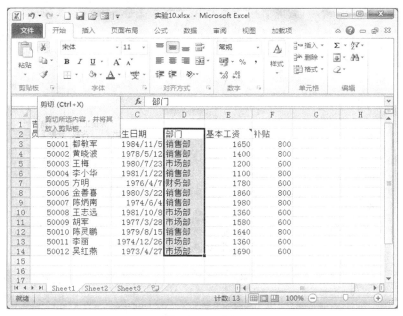

图 10-24　剪切

单击 H2 单元格，在【开始】选项卡的【剪贴板】组中单击【粘贴】按钮，如图 10-25 所示。

图 10-25　粘贴

（2）将"部门"复制到初始位置。选中 H2：H14 区域，在【开始】选项卡的【剪贴板】组中单击【复制】按钮，如图 10-26 所示。选中 D2 单元格，在【开始】选项卡的【剪贴板】组中单击【粘贴】按钮下的【粘贴】选项，如图 10-27 所示。

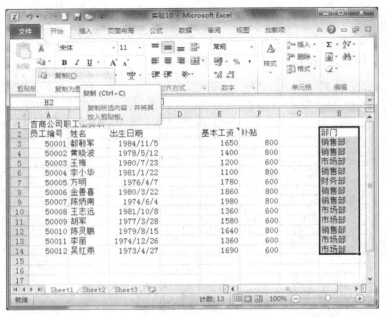

图 10-26　复制

图 10-27　粘贴

5. 撤销与恢复操作

（1）撤销上一小题操作中最后一步粘贴操作。单击快速访问工具栏中的【撤销】按钮或者直接按 Ctrl+Z 组合键，可以撤销最近的一次操作，如图 10-28 所示。单击【撤销】按钮旁边的箭头，在打开的下拉列表中列举了最近的多次操作，选择其中的命令即可一次性撤销多次操作。

（2）恢复上次被撤销的粘贴操作。单击快速访问工具栏中的【恢复】按钮或者直接按 Ctrl+Y 组合键，可以恢复最近的一次操作，如图 10-29 所示；单击【恢复】按钮旁边的箭头，在打开的下拉列表中列举了最近的多次操作，选择其中的命令即可一次性恢复多次操作。

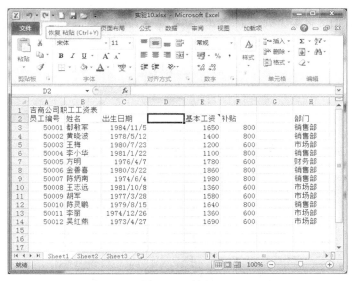

图 10-28　恢复

图 10-29　撤销

【实验 10.5】管理工作表

【实验内容】

（1）重命名工作表。

（2）插入工作表。

（3）删除工作表。

（4）移动工作表。

（5）复制工作表。

【实验步骤】

1．重命名工作表

将工作表 Sheet1 重命名为"工资表"。双击 Sheet1 工作表标签，Sheet1 反白显示，如图 10-30

所示，输入工作表的名称【工资表】，按 Enter 键确认，如图 10-31 所示。也可以用鼠标右键单击工作表标签 Sheet1，在弹出的快捷菜单中选择【重命名】命令完成重命名操作。

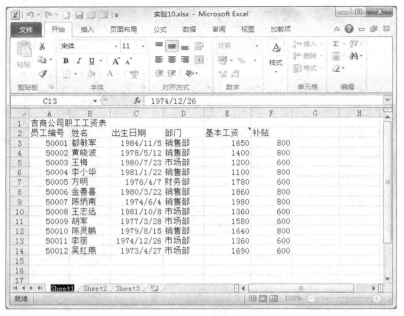

图 10-30　选中 Sheet1 工作表

图 10-31　重命名工作表

2. 插入工作表

插入新工作表。右击工作表标签【工资表】，在弹出列表中选择【插入】命令，如图 10-32 所示，出现【插入】对话框，选择【工作表】选项，单击【确定】按钮，如图 10-33 所示，即插入工作表【Sheet1】。结果如图 10-34 所示。

图 10-32 插入工作表

图 10-33 插入工作表

3. 删除工作表

删除刚才插入的工作表 Sheet1。右键单击工作表标签【Sheet1】，弹出快捷菜单，单击删除命令，删除工作表【Sheet1】，如图 10-35 所示。

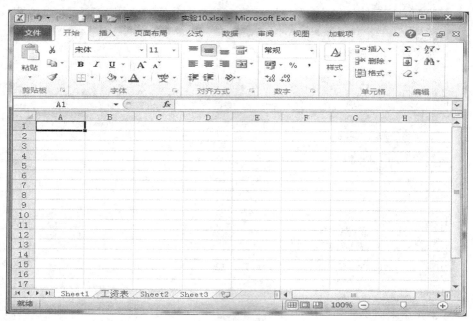

图 10-34 插入新的 Sheet1 工作表

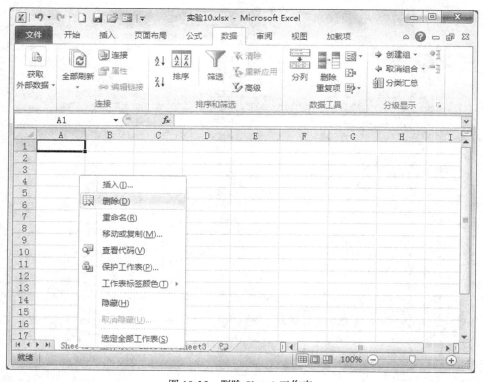

图 10-35 删除 Sheet1 工作表

4. 移动工作表

将"工资表"移到"Sheet2"后。单击【工资表】，此时不要松开鼠标，按住指针向后拖动，在【Sheet3】位置后松开鼠标，如图 10-36 所示。

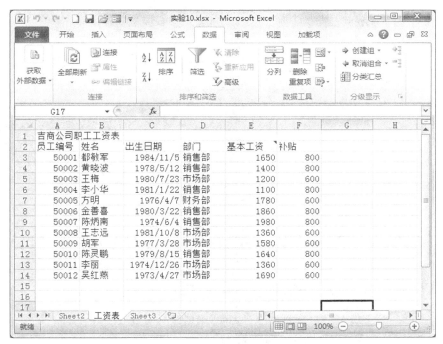

图 10-36　移动工资表工作表

5. 复制工作表

复制工作表"工资表"。单击工作表标签【工资表】，按住 Ctrl 键，并拖动标签【工资表】到【Sheet3】后面，则工作表【工资表】被复制到【工资表（2）】。

删除工作表【工资表（2）】，保存工作簿文件【实验 10.xlsx】。

【实验 10.6】工作表格式化

【实验内容】

（1）合并单元格。

（2）设置数据格式。

（3）设置字体。

（4）设置数据对齐方式。

（5）调整行高和列宽。

（6）添加边框。

（7）添加底纹。

【实验步骤】

1. 合并单元格

合并 A1：F1 单元格。打开【实验 10.xlsx】工作簿文件，选中 A1：F1 单元格区域，在【开始】选项卡的【对齐方式】中单击【合并后居中】按钮，如图 10-37 所示。

2. 设置数据格式

将基本工资和补贴应用货币样式。选择 E3：F14 单元格区域，在【单元格】工具栏中单击【格式】，在下列菜单中选择【设置单元格格式】命令，如图 10-38 所示，打开【设置单元格格式】对话框。在【数字】选项卡中的【分类】列表中，选择货币，在【小数位数】列表中选择 1，在【负数】列表中选择红色格式，单击【确定】按钮，如图 10-39 所示。设置后的结果如图 10-40 所示。

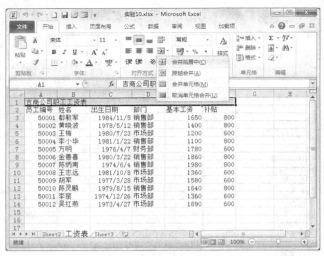

图 10-37　合并单元格

图 10-38　单击设置单元格格式命令

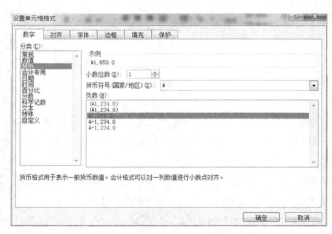

图 10-39　打开【设置单元格格式】对话框

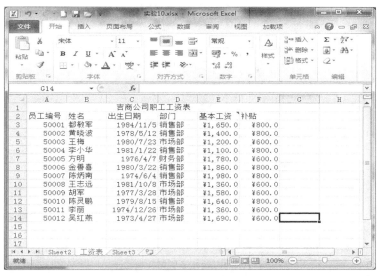

图 10-40　设置货币样式

3. 设置字体

设置标题格式：字体设置为隶书，字形为加粗，字号设置为 20；设置表头格式：字体设置为楷体，字号为 14，字形为倾斜。选中标题单元格，在【字体】工具栏中将字体设置为隶书，字形为加粗，字号设置为 20，如图 10-41 所示。选中单元格区域 A2：F2，在【字体】工具栏中将字体设置为楷体，字号为 14，字形为倾斜，如图 10-42 所示。

图 10-41　设置标题格式

4. 设置数据对齐方式

设置表格对齐方式：含货币的列右对齐，表头和其余列居中。选中单元格区域 A2：F2，在【对齐方式】工具栏中单击【居中】命令，如图 10-43 所示，选中单元格区域 A3：D14，在【对齐方式】工具栏中单击【居中】命令，如图 10-44 所示。

图 10-42　设置表头格式

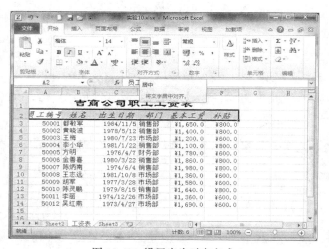

图 10-43　设置表头对齐方式

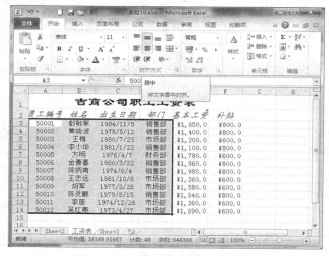

图 10-44　设置其他数据的对齐方式

5. 调整行高和列宽

将标题行行高值设置为 25，将"员工编号"和"基本工资"列宽设置为正好容纳。

（1）选中标题单元格，在【单元格】工具栏中单击【格式】，在下拉菜单中选择【行高】命令，如图 10-45 所示，打开行高设置对话框，在【行高】处设置为 25，如图 10-46 所示。单击【确定】按钮即可。

图 10-45　选择"行高"命令

图 10-46　设置行高值

（2）选择【员工编号】列和【基本工资】列，在【单元格】工具栏中单击【格式】，在下拉菜单中单击【自动调整列宽】命令，如图 10-47 所示，设置后的结果如图 10-48 所示。

图 10-47　选择"自动调整列宽"命令

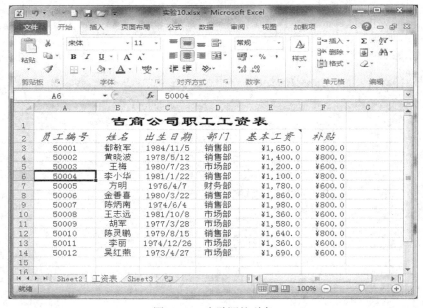

图 10-48　自动调整列宽

6. 添加边框

为工作表 A2：F14 添加蓝色的双线外框和粉色的实线内框。选中单元格 A2：F14，在【字体】工具栏中单击【边框线】旁的三角号，在弹出菜单中选择【其他边框】命令，如图 10-49 所示，打开【设置单元格格式】窗口，切换到【边框】选项卡，如图 10-50 所示。在【样式】列表框中选择双线，在【颜色】列表中选择蓝色，然后单击【外边框】按钮，为表格添加外边框，单击【内部】按钮，为表格添加粉色实线内框线，如图 10-51 所示，设置后的结果如图 10-52 所示。

图 10-49　选择"其他边框"命令

图 10-50　边框窗口

图 10-51　设置边框样式和颜色

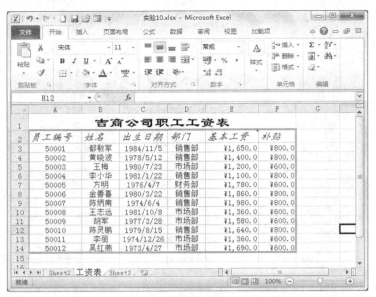

图 10-52 设置后的效果

7. 添加底纹

为标题加上黄色底纹，为表头文字加上蓝色底纹和 12.5%灰色。选中标题单元格，右键单击，在弹出菜单中选择【设置单元格格式】命令，打开【设置单元格格式】窗口，切换到【填充】选项卡，在背景色中选择黄色，如图 10-53 所示，单击【确定】按钮即可，设置后的结果如图 10-54 所示。选中单元格 A2：F2，单击【开始】选项卡下的【单元格】组下的【格式】，在弹出的下拉菜单中选择【设置单元格格式】，打开【设置单元格格式】对话框，切换到【填充】选项卡，在背景色中选择蓝色，在图案样式列表框中选择【12.5%灰色】。如图 10-55 所示，单击【确定】按钮即可，设置后的结果如图 10-56 所示。

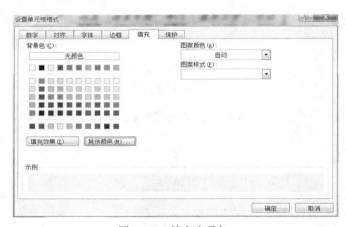

图 10-53 填充选项卡

8. 将"部门"列中所有的"市场部"改为红色文本。

选中单元格 D3：D14，在【样式】组中单击【条件格式】，在弹出的下列菜单中选择【突出显示单元格规则】下的【等于】命令，设置格式如图 10-57、图 10-58 所示，单击【确定】按钮即可，设置后的结果如图 10-59 所示。保存【实验 10.xlsx】文件簿，并另存为【职工工资表.xlsx】。

162

图 10-54   填充效果

图 10-55   图案选项卡

图 10-56   图案效果

图 10-57　设置条件格式

图 10-58　条件格式

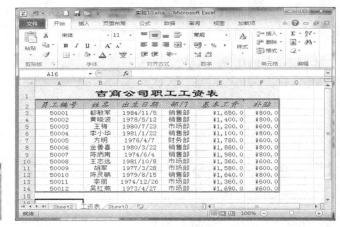

图 10-59　设置后的效果

【实验 10.7】工作表页面设置与打印预览

【实验内容】

（1）工作表的页面设置。

（2）工作表的打印预览。

【实验步骤】

1．工作表的页面设置

将纸张方向改为"横向"，设置页边距均为 0.5cm。打开【实验 10.xlsx】工作簿，选择【页面布局】菜单，在【页面设置】工具栏中单击【纸张方向】，选择【横向】，如图 10-60 所示。单击【页边距】下的【自定义页边距】，如图 10-61 所示，上下左右均设置为【0.5cm】，如图 10-62 所示。

2．工作表的打印预览

预览"实验 10.xlsx"的打印效果。单击【文件】按钮，在弹出的下拉菜单中选择【打印】菜单项，在右侧面板中即可预览要打印内容的效果，如图 10-63 所示。保存【实验 10.xlsx】工作簿。

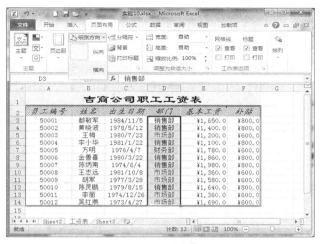

图 10-60　页面设置

图 10-61　自定义边距

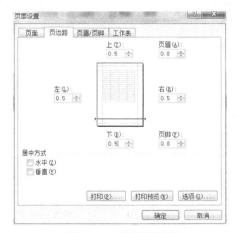

图 10-62　设置页边距

图 10-63　打印预览

四、能力测试

（1）创建如图 10-64 所示工作表，并保存于"我的文档"中，命名为"学生成绩管理.xlsx"。

图 10-64　样表

（2）将该工作表"Sheet1"、"Sheet2"和"Sheet3"分别命名为"学生成绩管理"、"男学生成绩"和"女学生成绩"。

（3）在"姓名"前增加一列"学号"，在单元格 A2 中输入 kj110101，然后用序列填充 A3：A9 单元格中的数据。

（4）在第一行前插入一行，合并 A1：G1 单元格，输入标题"学生成绩"。

（5）为"计算机"单元格添加批注"笔试和上机"。

（6）选择单元格 A2：G4，A6：G6，A8：G9，复制到工作表"男学生成绩"单元格 A1 开始处。选择单元格 A2：G2，A5：G5，A7：G6，A10：G10，复制到工作表"女学生成绩"单元格 A1 开始处。

（7）设置标题格式：字体为黑体，加粗，字号为 28，居中对齐；设置表头格式：字体为楷体，字号为 18，居中对齐；其他数据字体为仿宋，字号为 16，含数字的列右对齐，其余居中对齐。

（8）自动调整"学号"和"计算机"列宽。

（9）为工作表 A1：G10 添加蓝色的粗实线外框和黄色的细实线内框，为标题加上浅粉色底纹，图案样式为 6.25%灰色。结果如图 10-65 所示。

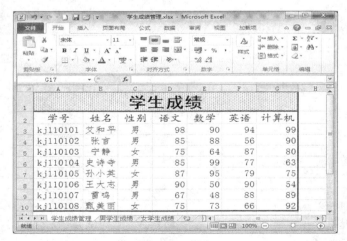

图 10-65　样表

（10）保存工作簿文件，关闭应用程序。

实验 11
Excel 2010 公式和函数的使用

一、预备知识

1. 输入公式和函数

Excel 2010 具有强大的数据处理功能，使用公式和函数可以对表中数据进行总计、求平均值、汇总等复杂的计算。

（1）公式。通过公式不仅可以对表中的数据进行各种运算，如加、减、乘、除、比较、求平均值、最大值等，也可以建立工作簿之间、工作表之间、单元格之间的运算关系。使用公式时，当公式中引用的单元格原始数据发生改变时，公式的计算结果也会随之更新。在一个公式中，可以包含各种运算符、常量、变量、函数、单元格地址等。Excel 公式的运算符和运算规则如下。

① 算术运算符。用来完成基本的数学运算，算术运算符有+（加）、-（减）、*（乘）、/（除）、%（百分比）、^（乘方），用它们连接常量、函数、单元格和区域组成计算公式，其运算结果为数值型。

② 文本运算符。文本类型的数据可以进行连接运算，运算符是&，用来将一个或多个文本连接成为一个组合文本。例如，单击某一单元格，在编辑栏中输入【=wel"&"com"】，按 Enter 键，结果为【welcom】。

③ 关系运算符。用来对两个数值进行比较，产生的结果为逻辑值 True（真）或 False（假）。比较运算符有=（等于）、>（大于）、<（小于）、>=（大于等于）、<=（小于等于）、<>（不等于）等。

④ 引用运算符。用以对单元格区域进行合并运算。引用运算符包括区域、联合和交叉。区域（冒号）表示对两个引用之间（包括两个引用在内）的所有单元格进行引用，例如，SUM(D3：F8)。联合（逗号）表示将多个引用合并为一个引用，例如，SUM(A5,A15,E5,E15)。交叉（空格）表示产生同时隶属于两个引用的单元格区域的引用。

运算的优先级从高到低分别是引用运算符、算术运算符、文本运算符、关系运算符。优先级相同时从左向右进行，要改变优先级可以加括号。

由于 Excel 2010 有很强的数据运算功能，所以用户可以在单元格中直接输入计算公式，系统会根据公式计算出结果。其方法是先选择单元格，然后在编辑栏中输入等号【=】，再在等号后直接输入公式，最后按 Enter 键或单击编辑栏上的【✓】按钮。在一个单元格中输入公式后，如果相邻的单元格中需要进行同类型的计算，可以利用公式的自动填充功能，即用拖动填充柄的方法完成公式自动填充，如图 11-1 所示。

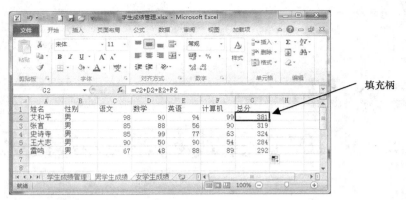

图 11-1　用公式计算示例

（2）函数。函数是 Excel 提供的用于数值计算和数据处理的现成公式，由 3 部分组成，即函数名、参数和括号，例如，SUM(C4：F4)实现将区域 C4：F4 中的数值相加的功能。其中函数名用于标识函数，括号中的参数可以是数字、文本、常量、单元格、区域、公式或其他函数，多个参数之间用逗号隔开，当函数的参数是其他函数时，称为嵌套。

输入函数有两种方法：直接输入法和插入函数法。

直接输入法和在单元格中输入公式一样，在编辑栏中根据函数的语法结构输入函数名和参数值，再按 Enter 键或单击【✓】按钮，即可完成函数计算。例如，在单元格 C7 中直接输入函数【=AVERAGE(C2:C6)】。这种方法比较快捷，但必须记住函数的名字和参数。插入函数法可以免去用户记忆许多函数的麻烦，引导用户正确选择函数和参数，所以使用更方便一些。首先确定函数插入位置，然后单击【公式】选项卡，在【函数库】组下单击【插入函数】 f_x ，弹出【插入函数】对话框，如图 11-2 所示。分别从 或选择类别(C) 下拉列表框中选择合适的函数类型，从【选择函数】列表框中选择所需要的函数，然后单击【确定】按钮，则弹出所选函数的【函数参数】对话框，如图 11-3 所示，它显示了该函数的函数名、函数的每个参数，以及参数的说明、函数的功能和计算结果。在参数输入框的右端有一个【窗口折叠】按钮，单击【窗口折叠】按钮，窗口便折叠起来，便于用户选择工作表中的单元格，再一次单击窗口又会展开。在参数输入框中输入各参数，函数结果便显示在下方的【计算结果】栏中；单击【确定】按钮后，运算结果被插入单元格。

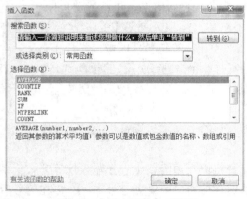

图 11-2　【插入函数】对话框

图 11-3　【函数参数】对话框

还可以这样操作，例如，用户要求平均值，可以选择 C7 单元格，然后单击编辑栏中的【=】按钮，此时编辑栏下拉一个函数定义列表框，在编辑栏的左侧名称下拉列表框中选择用户需要的函数 AVERAGE。弹出 AVERAGE 函数对话框，在参数输入框中单击【窗口折叠】按钮，选择工作表中的单元格，再一次单击它展开窗口，函数结果便显示在下方的【计算结果】栏中，单击【确定】按钮后，运算结果便被插入 C7 单元格中。

求和运算在 Excel 中较多使用，所以 Excel 专门提供了【自动求和】按钮 Σ 自动求和 ▾ ，在工具栏中单击【Σ自动求和】按钮后，将对选定的单元格自动求和。另外，还可以利用状态栏的快捷菜单自动求平均值、计数、计数值、最大值、最小值。具体方法是：选定数据区域以后，在状态栏上右击，在弹出的快捷菜单中选中相应函数即可。

2. 公式中单元格的引用

在 Excel 的公式和函数中都可以引用单元格地址，以代表对应单元格中的内容。如果改变单元格的数据，其计算结果也会随之改变，因为在公式中参与运算的是存放数据的单元格地址，而不是数据本身，这样公式运算结果总是采用单元格中当前的数据。在 Excel 中单元格地址有相对引用、绝对引用和混合引用 3 种引用方式。

（1）相对引用。相对引用是 Excel 默认的单元格地址引用方式，当公式复制或填入到新的单元格中时，公式中所引用单元格的地址将根据新单元格的地址自动调整。

（2）绝对引用。当公式复制或填入到新的单元格中时，公式中所引用的单元格地址保持不变。通常在行号和列标前加上$符号来设置绝对地址引用。

（3）混合引用。混合引用是指在一个单元格的地址引用中，既有绝对地址，又有相对地址，则当公式复制时，或者行号或者列号保持不变。例如，单元格地址【$A2】表示【列】号保持不变，【行】号随着新的复制而发生变化。单元格地址【A$2】表示【行】号保持不变，【列】号随着新的复制而发生变化。

二、实验目的

（1）理解单元格地址的引用。
（2）熟练掌握公式的使用。
（3）掌握输入函数及常用函数的使用。

三、实验内容及步骤

【实验 11.1】创建公式
【实验内容】
了解公式的输入方法。
【实验步骤】
了解公式的输入方法。

打开【实验 10.xlsx】工作簿文件，在【工资表】工作表中增加工资列，如图 11-4 所示。在 G3 单元格输入公式【=E3+F3】，输入完毕按下 Enter 键，这样在 G3 单元格中就把职工编号为 50001 的工资求出来了，如图 11-5 所示。

【实验 11.2】单元格的引用
【实验内容】
（1）了解单元格引用的一般格式。
（2）了解什么是相对地址、绝对地址。

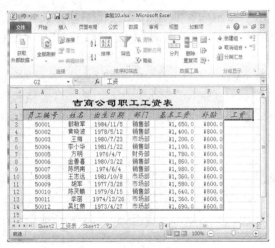
图 11-4　增加工资列

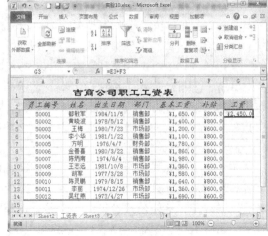
图 11-5　输入公式

【实验步骤】

1. 引用同一个工作表中的单元格

上例中，单击 G3 单元格，输入公式【=E3+F3】，引用了同一工作表的 E3、F3 单元格。

2. 引用不同工作表中的单元格

选择【Sheet2】工作表，在 A2 单元格中输入【100】，在 B3 单元格中输入【200】，在 Sheet3 工作表的 A1 单元格中输入【=Sheet2!A2+Sheet2!B3】，在工作表 Sheet3 中引用了工作表 Sheet2 的 A2 单元格和 B3 单元格，如图 11-6 所示。

3. 单元格相对地址的引用

右键单击 G3 单元格，在弹出的快捷菜单中选择【复制】，然后选中 G4：G14，右键单击所选区域，在弹出的快捷菜单中选择【粘贴】，即可计算出所有职工的工资，如图 11-7 所示。通过复制公式，所选择区域单元格相对原位置，列号不变，而行号会增加 1，这都是相对地址的引用。

图 11-6　引用不同工作表中的单元格

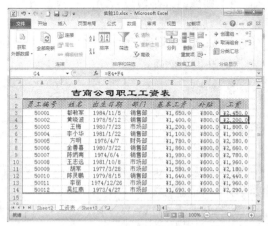
图 11-7　单元格的相对引用

也可以选中 G3 单元格，将鼠标指针移动到该单元格的右下角，当鼠标指针变成【＋】形状时，按住鼠标左键不放向下拖动至单元格 G14 中，即可将单元格 G3 中的公式相对引用到鼠标指针经过的单元格区域中。

4. 单元格绝对地址的引用

清除【工资】列下的数据，单击 G3 单元格，在其中输入公式【=$E$3+$F$3】，按下【Enter】键，即可在单元格 G3 中显示出计算结果。将单元格 G3 中的公式复制到单元格 G4 中，单元格 G4 中的显示结果如图 11-8 所示，此时单元格 G4 中的计算结果不变。其中$E$3、$F$3 等都是绝对地址的引用。

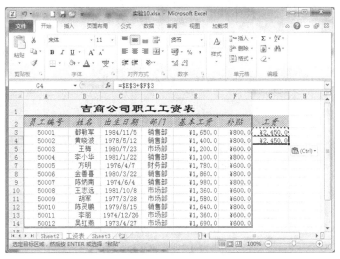

图 11-8　单元格的绝对引用

5. 混合地址的引用

单击 G3 单元格，在编辑栏将公式改为【=$E3+$F3】，将 G3 复制到 H5，则 H5 中公式为【=$E4+$F4】。公式中行号变成下一行，列号不变，这都是混合地址的引用，如图 11-9 所示。清除 G3 单元格和 H4 单元格中数据。

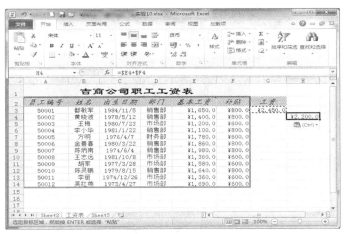

图 11-9　单元格的混合引用

【实验 11.3】行和列数据自动求和

【实验内容】

自动求和按钮的使用。

【实验步骤】

（1）选择工作表【工资表】，先计算每个职工的工资，然后在【工资】列后增加【工资排名】列，在 A15：A17 中输入【职工总工资】、【职工平均工资】和【工资低于 2000 职工人数】，如图 11-10 所示。

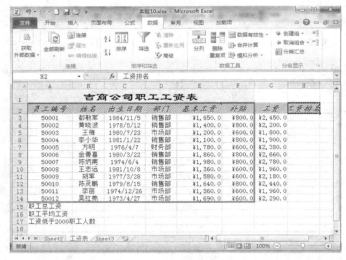

图 11-10　增加列和行图

（2）选定【E3：F3】单元格区域，在状态栏中即会显示【都敏军】的工资，在状态栏上单击鼠标右键，会弹出快捷菜单，还可以选择【平均值】、【计数】、【最大值】和【最小值】等计算，如图 11-11 所示。

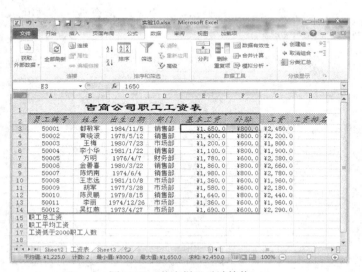

图 11-11　状态栏显示计算值

（3）选定 G15 单元格，单击【公式】选项卡，在【函数库】组下单击【∑自动求和】，系统默认把上面的数据区域选中，我们也可以用鼠标选中 G3：G14 单元格区域，按下【Enter】键。即计算出所有职工的总工资，如图 11-12 所示。用同样的方法计算总基本工资和总补贴，如图 11-13 所示。

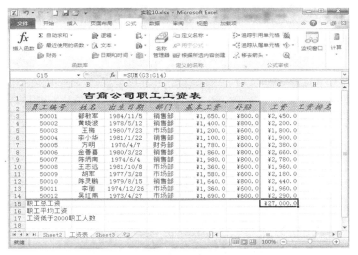

图 11-12　计算职工总工资

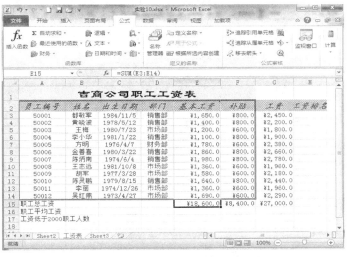

图 11-13　计算总基本工资和总补贴

（4）选定 G16 单元格，单击【公式】选项卡，在【函数库】组下单击【Σ自动求和】后的倒三角号 Σ 自动求和 ▾，在弹出的下拉菜单中选择【平均值】，系统默认把上面的数据区域选中。注意：如果按系统默认把上面的数据区域选中的话，这是错误的，因为选中的数据区域中包含了我们计算出来的总工资。我们应该用鼠标选中 G3：G14 单元格区域，按下 Enter 键，即计算出所有职工平均工资，如图 11-14 所示。用同样的方法计算基本工资平均值和补贴平均值，如图 11-15所示。

（5）选定【G3：G14】单元格区域和【E15：G16】，在选定区域右键单击，弹出快捷菜单，选择【清除内容】命令，清除表格中的职工总工资、职工平均工资、总基本工资、总补贴、基本工资平均值和补贴平均值。

【实验 11.4】使用函数

【实验内容】

使用函数进行计算。

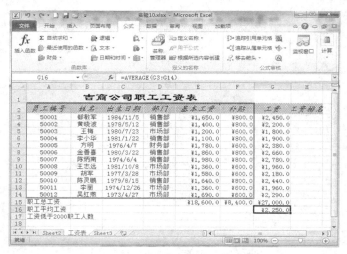

图 11-14　职工平均工资

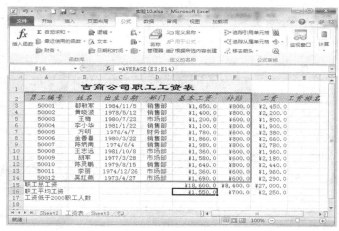

图 11-15　计算基本工资平均值和补贴平均值

【实验步骤】

1. 计算工资

（1）选定 G3 单元格，单击【公式】选项卡，在【函数库】组下单击【插入函数】f_x，弹出【插入函数】对话框，如图 11-16 所示。选择【常用函数】类的 SUM 函数，单击【确定】按钮，弹出【函数参数】对话框，如图 11-17 所示。将【Number1】中的区域改为【E3：F3】，或单击按钮选择【E3：F3】单元格区域（再次单击【拾取】按钮返回【函数参数】对话框），最后单击【确定】按钮。使用填充柄将 G3 中的公式复制到 G4：G14 中，如图 11-18 所示。

（2）用同样的方法在 E15 单元格求出总工资，在 F15 单元格求出总补贴，在 G15 单元格求出职工总工资，如图 11-19 所示。

2. 计算平均分

（1）选定 G16 单元格，单击【公式】选项卡，在【函数库】组下单击【插入函数】f_x，弹出【插入函数】对话框，选择【常用函数】类的 AVERAGE 函数，单击【确定】按钮，弹出【函数参数】对话框，将【Number1】中的区域改为【G3：G14】，或单击按钮选择【G3：G14】单元格区域（再次单击【拾取】按钮返回【函数参数】对话框），最后单击【确定】按钮。如图 11-20 所示。

图 11-16 插入函数   图 11-17 函数参数

图 11-18 计算每个职工的工资

图 11-19 求和函数应用

（2）用同样的方法在 E16 单元格求出基本工资平均值，在 F16 单元格求出补贴平均值。如图
11-21 所示。

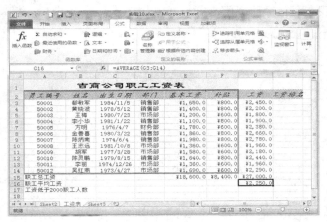

图 11-20　职工平均工资

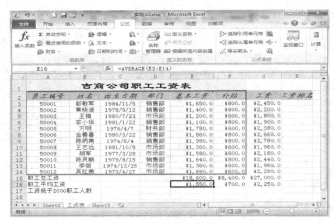

图 11-21　计算基本工资平均值和补贴平均值

3. 工资排名

在 H3 单元格中输入计算名次函数【=RANK(G3，$G$3：$G$14)】按【Enter】键，如图 11-22 所示。然后使用填充柄将函数复制到 H4：H14 单元格中。如图 11-23 所示。

图 11-22　使用 RANK 函数计算排名

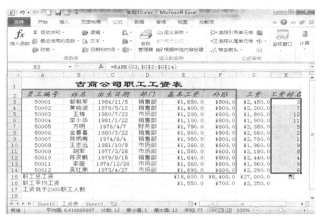

图 11-23　所有职工工资排名

4. 计算工资低于 2000 职工人数

在 G17 单元格中输入计算公式【=COUNTIF(G3:G14,"<2000")】，按 Enter 键，如图 11-24 所示。

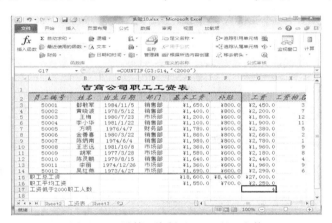

图 11-24　计算工资低于 2000 职工人数

5. 格式化工资表工作表，如图 11-25 所示

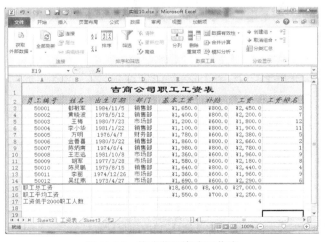

图 11-25　格式化工资表工作表

6. 以【实验 11.xlsx】为文件名，另存该文件

四、能力测试

（1）打开"学生成绩管理.xlsx"工作簿。增加"总分"和"评优"列，增加"不及格人数"、"最高分"、"最低分"和"平均分"行，如图 11-26 所示。

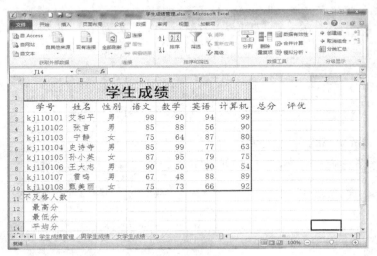

图 11-26　样表

（2）计算每个学生的"总分"；每门课程的"不及格人数"、"最高分"、"最低分"及"平均分"，填入相应的单元格，如图 11-27 所示。

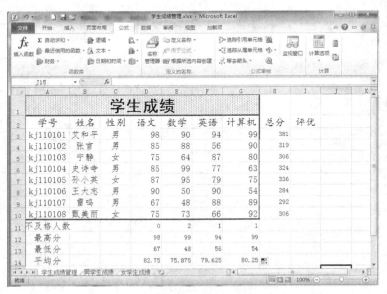

图 11-27　样表

（3）利用 IF 函数，把总分>=330 学生的"评优"一栏中填入"优秀"。IF 函数格式为"=IF(H3>=330,"优秀","")"。运算后的结果如图 11-28 所示。

（4）重新格式化表格，如图 11-29 所示。另存为"学生成绩管理 1.xlsx"工作簿文件。

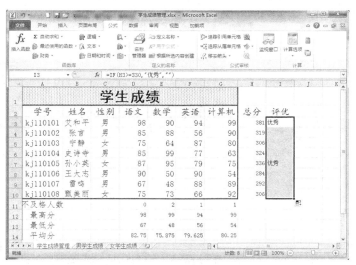

图 11-28　运算后的结果

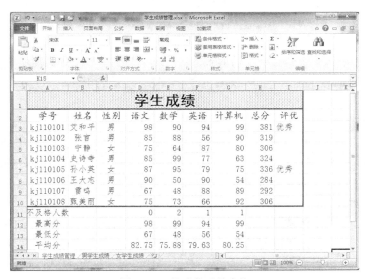

图 11-29　格式化后的表格

Excel 2010 数据管理与图表制作

一、预备知识

1. 数据清单的建立

Excel 2010 通过数据清单来实现对数据的管理。数据清单又称为数据列表，其中的数据是由若干列组成的。数据清单中每列有一个列标题，相当于数据库中的字段名，列相当于数据库中的字段，行相当于数据库中的记录。

2. 数据排序

数据排序总是依照一定的关键字的值来进行的。关键字一般是数据清单中的字段名，可以按照关键字的值采取升/降序排列。有时仅用一个关键字排序还达不到目的，还要对其他关键字继续排序。

3. 数据的筛选

在数据列表中如果只想显示符合条件的记录，暂时隐藏不符合条件的记录，可以使用 Excel 的筛选功能。Excel 2010 提供了【简单筛选】和【自定义筛选】命令来筛选数据。简单筛选可以满足大部分需要，当需要用复杂条件来筛选数据时要使用自定义筛选。

4. 数据的分类汇总

在数据的统计分析中经常需要分类汇总。数据分类汇总是将数据清单中的数据按某一个关键字的值进行分类，然后再按类进行求和、求平均、计数、求方差等运算。实现对分类汇总值的计算，而且将计算结果分组显示出来 。分类汇总前首先要对数据清单按汇总字段进行排序。

5. 图表

图表的作用是将工作表中的数据用图形表示出来。在使用 Excel 编辑、分析数据的过程中，经常使用图表进行数据分析，使数据表现得更加可视化、形象化，以便用户观察数据的宏观走势和规律。

6. 数据透视表和透视图

在编辑工作表数据的过程中，数据透视表和数据透视图是经常用到的数据分析工具。分类汇总适合于按一个字段分类，对一个或多个字段进行汇总。如果要对多个字段同时分类并汇总就需要利用透视表和透视图。

二、实验目的

（1）掌握数据清单的基本操作。

（2）掌握数据的排序。

（3）掌握数据的筛选。

（4）掌握数据的分类汇总。

（5）掌握嵌入图表和独立图表的创建。

（6）掌握图表的整体编辑和对图表中各对象的编辑方法。

（7）掌握数据透视表的创建。

三、实验内容及步骤

【实验 12.1】快速添加数据清单

【实验内容】

（1）添加记录。

（2）编辑记录。

（3）查询记录。

【实验步骤】

1. 添加记录

使用数据清单为"销售业绩表"添加 5 条记录。

（1）打开【销售业绩表.xlsx】工作簿，单击【文件】按钮，弹出下拉菜单，如图 12-1 所示，单击【选项】命令，弹出【Excel 选项】对话框，在左侧面板中单击【快速访问工具栏】按钮，切换到【自定义快速访问工具栏】面板，在【从下列位置选择命令】下拉列表中选择【不在功能区中的命令】，在下方的列表框中选择【记录单】，单击【添加】按钮将其添加到右侧的列表框中，单击【确定】按钮，如图 12-2 所示。将其添加到快速访问工具栏中。

图 12-1 选项窗口

（2）在要加入记录的数据清单中单击任意单元格，然后在快速访问工具栏中单击【记录单】按钮，弹出【Sheet1】对话框，此时在该对话框中显示出第一条记录，如图 12-3 所示。

（3）单击【新建】按钮，输入相应的数据。一条记录输入完成还要继续输入，单击【新建】按钮即可输入下一条记录，重复操作，输入所有记录，单击【关闭】按钮或直接按【Enter】键。

图 12-2　Excel 选项

图 12-3　显示第一条记录

输入所有记录后如图 12-4 所示。

2．编辑记录

（1）浏览销售业绩表。选中数据清单中的任意一个单元格，在快速访问工具栏中单击【记录单】按钮，弹出【Sheet1】对话框，此时在该对话框中显示第一条记录。依次单击【下一条】按钮，即可浏览所有记录。

（2）将销售业绩表中"智能手机"信息下"第 3 季度"的数据由 16570 改为 17570。找到【智能手机】具体信息，然后将【第 3 季度】的数据由 16570 改为 17570，按 Enter 键。此时数据清单中的内容发生了变化，如图 12-5 所示。保存工作簿文件。

图 12-4　输入所有记录

（3）删除记录。我们也可以根据实际情况删除记录，找到要删除的记录，单击【删除】按钮，弹出【Microsoft Excel】对话框，提示【显示的记录将被删除】，单击【确定】按钮即可将其删除，修改完单击【关闭】按钮即可。保存工作簿文件。

3．查询记录

查询"电脑"信息下第 1 季度销量大于 16000 的记录信息。

选中数据清单中的任意一个单元格，在快速访问工具栏中单击【记录单】按钮，弹出【Sheet1】对话框，此时在该对话框中显示第一条记录。单击【条件】按钮，在【销售产品】文本框中输入【电脑】，在【第 1 季度】文本框中输入>16000，如图 12-6 所示。按 Enter 键，即可显示出满足条件的第 1 条记录，单击【下一条】按钮，即可显示满足条件的剩余记录。查询完单击【关闭】按钮。

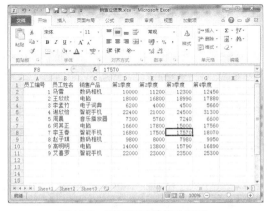

图 12-5　通过记录单修改记录

图 12-6　条件查询

【实验 12.2】数据的排序

【实验内容】

（1）单列排序。

（2）多列排序。

（3）自定义排序

【实验步骤】

1. 单列排序

（1）打开"职工工资表.xlsx"，按部门降序排列。单击选中部门列中任意单元格，然后切换到【数据】选项卡，在【排序和筛选】组中单击【升序】按钮，则记录按部门拼音升序排序，如图12-7所示。

图 12-7　部门升序排列

（2）按基本工资降序排列。单击选中基本工资列中任意单元格，然后切换到【数据】选项卡，在【排序和筛选】组中单击【降序】按钮，则记录按基本工资降序排序，如图12-8所示。

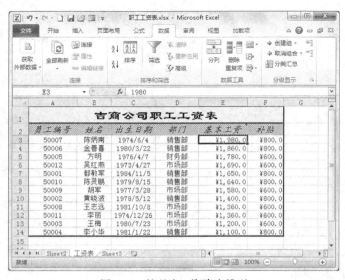

图 12-8　按基本工资降序排列

2. 多列排序

对职工工资表，先按部门升序排列，同部门的再按基本工资降序排列。

单击表格中的任意单元格，然后切换到【数据】选项卡，在【排序和筛选】组中单击【排序】按钮，弹出【排序】对话框，在【主要关键字】下拉列表中选择【部门】选项，在【次序】下拉列表中选择【升序】选项。单击【添加条件】按钮，在【次要关键字】下拉列表中选择【基础工资】选项，在【次序】下拉列表中选择【降序】，如图 12-9 所示。单击【确定】按钮，完成排序，排序后的结果如图 12-10 所示。

图 12-9　排序对话框

图 12-10　排序结果

3. 自定义排序

对职工工资表，部门按销售部、财务部和市场部排序。

单击表格中的任意单元格，然后切换到【数据】选项卡，在【排序和筛选】组中单击【排序】

按钮，弹出【排序】对话框，单击【删除条件】按钮删除一个条件，在【次序】下拉列表中选择【自定义序列…】选项，弹出【自定义序列】对话框。在【输入序列】文本框中输入要创建的数据序列"销售部，财务部，市场部"，如图12-11所示。单击【添加】按钮将其添加到【自定义序列】列表框中，如图12-12所示。单击【确定】按钮，此时【次序】下拉列表中显示出自定义的序列，如图12-13所示，单击【确定】按钮，排序后的结果如图12-14所示。

图 12-11　输入自定义序列

图 12-12　添加自定义序列

图 12-13　排序窗口

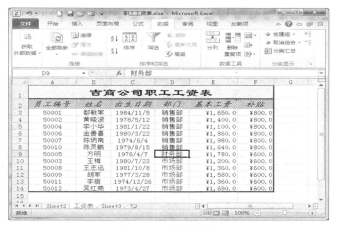

图 12-14　排序结果

【实验 12.3】数据的筛选

【实验内容】

（1）自动筛选。

（2）高级筛选。

（3）自定义筛选。

【实验步骤】

1．自动筛选

（1）筛选出部门是"财务部"的记录信息。单击表格中的任意单元格，切换到【数据】选项卡，在【排序和筛选】组中单击【筛选】按钮，每个字段名右侧会出现一个下拉按钮，如图 12-15 所示。单击【部门】单元格的下拉按钮，在弹出的下拉列表中的列表框中撤销选中【全选】复选框，选中【财务部】复选框，如图 12-16 所示，然后单击【确定】按钮，筛选出全部财务部的记录信息，如图 12-17 所示。

图 12-15　自动筛选图

图 12-16　部门下拉列表框

（2）筛选出基本工资高于平均基本工资的记录信息。单击【部门】单元格右侧的下拉按钮，在弹出的下拉列表中选中【全选】复选框，单击【确定】按钮将所有部门记录都显示出来，然后单击【基本工资】字段右侧的下拉按钮，在弹出的下拉列表中选择【数字筛选】下的【高于平均值】选项，如图 12-18 所示。筛选后的结果如图 12-19 所示。

图 12-17   自动筛选结果

图 12-18   对指定数据的筛选

图 12-19   自动筛选结果

2. 高级筛选

筛选出基本工资高于 1500，补贴高于 600 的职工信息。

（1）单击【基本工资】单元格右侧的下拉按钮，在弹出的下拉列表中选中【全选】复选框，单击【确定】按钮将所有部门记录都显示出来；或者直接单击【筛选】，恢复所有的数据。然后设置条件区域：

① 选中 H3 单元格，输入条件标题【基本工资】，再选中 H4 单元格，输入条件【>1500】。

② 选中 I3 单元格，输入条件标题【补贴】，再选中 I4 单元格，输入条件【>600】，如图 12-20 所示。

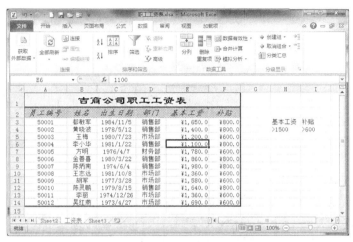

图 12-20　设置条件区域

（2）单击数据表任意单元格，切换到【数据】选项卡，在【排序和筛选】组中单击【高级】按钮，弹出【高级筛选】对话框，单击【列表区域】后的折叠按钮，用鼠标拖动的方式，在工作表中选择单元格区域 A2：F14，选择完成后单击展开按钮，返回【高级筛选】对话框。用同样的方式设置【条件区域】为单元格区域 H3：I4，如图 12-21 所示。单击【确定】按钮，筛选后的结果如图 12-22 所示。

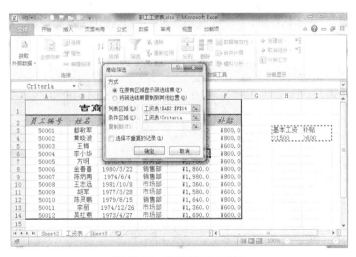

图 12-21　高级筛选对话框

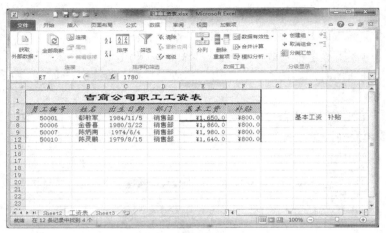

图 12-22　筛选结果

（3）在【数据】选项卡下，在【排序和筛选】组中单击【清除】按钮，恢复所有的数据，并清除 H3∶I4 单元格区域内容。

3．自定义筛选

筛选出基本工资在 1000～1500 的职工信息。

（1）选中数据区域中任意一个单元格，切换到【数据】选项卡，在【排序和筛选】组中单击【筛选】按钮，单击【基本工资】字段右侧的下拉按钮，在弹出的下拉列表中选择【数字筛选】下的【自定义筛选】选项，弹出【自定义自动筛选方式】对话框。在第一个条件中选择【大于或等于】选项，在后面输入工资值 1000，在第二个条件中选择【小于或等于】选项，在后面输入工资值 1500，如图 12-23 所示，筛选结果如图 12-24 所示。

图 12-23　自定义自动筛选方式

（2）在【数据】选项卡，在【排序和筛选】组中单击【清除】按钮，恢复所有的数据。

【实验 12.4】数据的分类汇总

【实验内容】

（1）建立分类汇总。

（2）删除分类汇总。

图 12-24 筛选结果

【实验步骤】

1. 建立分类汇总

按部门统计基本工资总和。

（1）先以【部门】为关键字升序排序。

进行分类汇总操作前，必须对关键字进行排序操作。

（2）在【分级显示】组中单击【分类汇总】按钮，弹出【分类汇总】对话框，其中【分类字段】选择【部门】，【汇总方式】选择【求和】，【选定汇总项】中只选择【基本工资】，如图 12-25 所示。单击【确定】按钮，分类汇总后的结果如图 12-26 所示。

图 12-25 【分类汇总】对话框

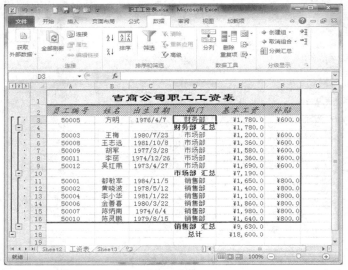

图 12-26　分类汇总结果

（3）单击 "−"（折叠）按钮，单击 "+"（展开）按钮，体会 "折叠"、"展开" 按钮的功能。

2．删除分类汇总

（1）在分类汇总数据清单中选择任意单元格。

（2）在【分级显示】组中单击【分类汇总】按钮，弹出【分类汇总】对话框，单击左下角的【全部删除】按钮，即可删除分类汇总。

【实验 12.5】图表的使用

【实验内容】

（1）创建图表。

（2）修改图表。

（3）格式化图表。

【实验步骤】

1．创建图表

根据工作表中的数据创建图表。

根据 "职工工资表.xlsx" 中的姓名、基本工资和补贴三项数据，创建图表。

选择 B2：B14，E2：F14 区域，切换到【插入】选项卡，在【图表】组中单击【对话框启动器】按钮，弹出【插入图表】对话框，在【柱形图】选项组中选择第 2 行第一列的【簇状圆柱图】，如图 12-27 所示。单击【确定】按钮，操作结果如图 12-28 所示。

2．修改图表

（1）修改图表的类型。

将图表类型更改为簇状柱形图。选中图表，切换到【图表工具】的【设计】选项卡，在【类型】组中单击【更改图表类型】按钮，弹出【更改图表类型】对话框，在第 1 行第一列的【簇状柱形图】，如图 12-29 所示。单击【确定】按钮，操作结果如图 12-30 所示。

（2）修改图表中的数据系列。

删除图表中【补贴】的数据系列。在图表区，在代表【补贴】数据的柱形上右击，在弹出的快捷菜单中选择【删除】命令，如图 12-31 所示。

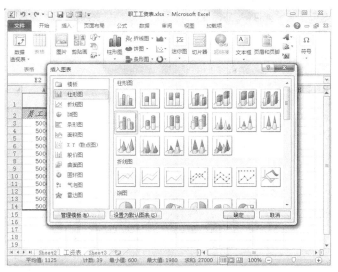

图 12-27　插入图表

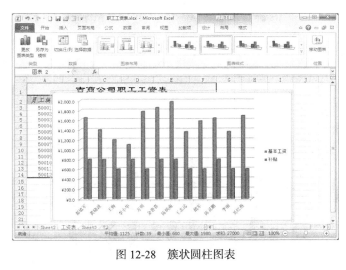

图 12-28　簇状圆柱图表

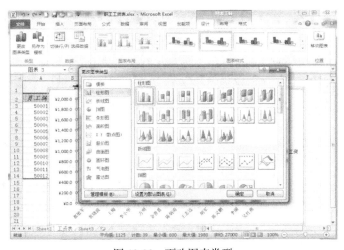

图 12-29　更改图表类型

图 12-30　簇状柱形图表

图 12-31　删除津贴数据系列

（3）改变图表中图例的位置和大小。

① 将图表移动到【Sheet2】工作表中。选中图表，切换到【图表工具】的【设计】选项卡，在【位置】组中单击【移动图表】按钮，弹出【移动图表】对话框，在【对象位于】后选择【Sheet2】选项。如图 12-32 所示。单击【确定】按钮，移动图表效果如图 12-33 所示。如果选择【新工作表】选项，则会生成独立的图表。

② 将图表高度设置为 8 厘米，宽度设置为 15 厘米。单击【图表工具】的【格式】选项卡，在右侧的【大小组】中，在【高度】微调框中输入【8 厘米】，在【宽度】微调框中输入【15 厘米】，按 Enter 键或单击图表外任意空白单元格，完成图表大小的调整。如图 12-34 所示。

（4）改变数值轴。

将数值轴 y 轴的主要刻度改为 300。

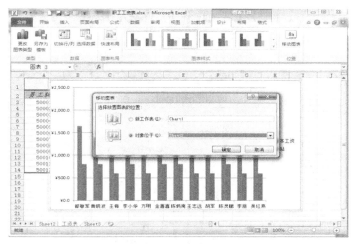

图 12-32　移动图表对话框

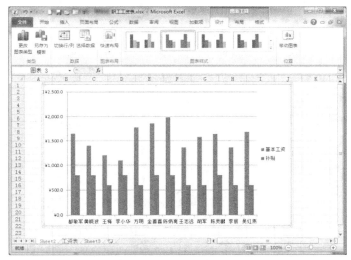

图 12-33　移动图表到 Sheet2 工作表中

图 12-34　调整图表大小

① 在图表区的数值轴 y 轴上右击，在弹出的快捷菜单中选择【设置坐标轴格式】命令，打开【设置坐标轴格式】对话框，如图 12-35 所示。

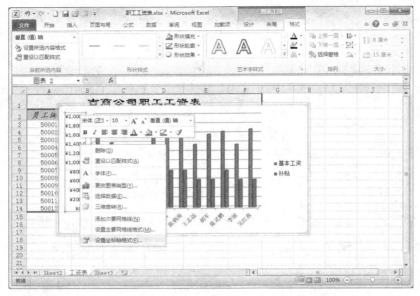

图 12-35　设置坐标轴格式

② 在【主要刻度单位】选项中，单击【固定】选项按钮，在后面的文本框中输入【300.0】，如图 12-36 所示。

图 12-36　设置主要刻度单位

③ 单击【关闭】按钮，设置后的效果如图 12-37 所示。

3. 格式化图表

（1）为图表添加标题并设置艺术字样式。

为图表添加标题"职工工资"。

图 12-37　设置后效果图

① 单击图表区的空白处，切换到【图表工具】的【布局】选项卡，在【标签】组中单击【图表标题】的三角号，在弹出的列表中选择【图表上方】，如图 12-38 所示。

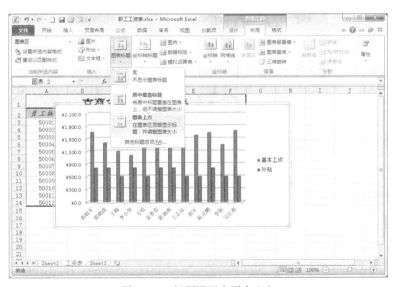

图 12-38　标题设置在图表上方

② 系统会自动调整图表大小，在图表上方出现一个图表标题框，输入标题【职工工资】，此时为图表增加了标题，如图 12-39 所示。

③ 切换到【格式】选项卡，在【艺术字样式】组中单击【快速样式】按钮，选择【渐变填充-灰色，轮廓-灰色】，如图 12-40 所示。设置后的效果如图 12-41 所示。

（2）设置图表样式。

设置图表样式为"样式 18"。选中图表，切换到【图表工具】的【设计】选项卡，在【图表样式】组中单击【其他】按钮，如图 12-42 所示。在弹出的列表中选择【样式 18】，如图 12-43 所示，设置样式效果如图 12-44 所示。

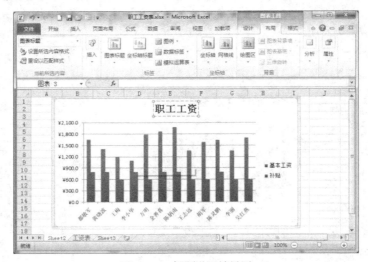

图 12-39　标题设置效果图

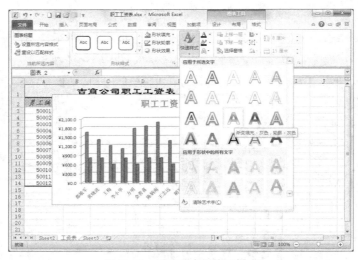

图 12-40　设置艺术字快速样式

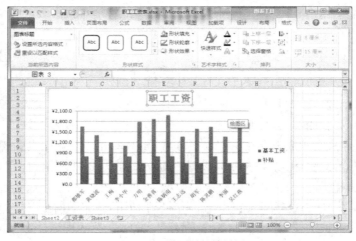

图 12-41　设置后的效果图

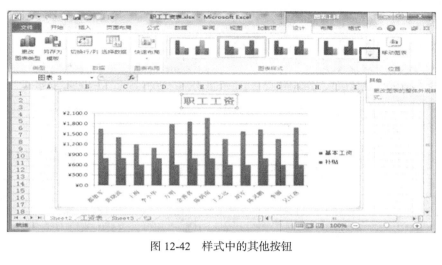

图 12-42　样式中的其他按钮

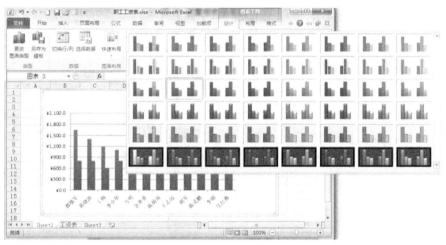

图 12-43　选择样式

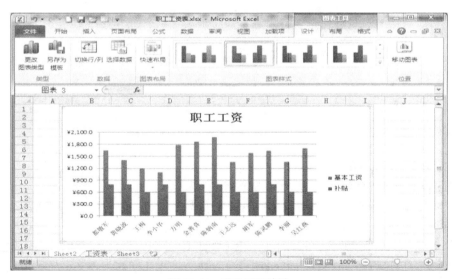

图 12-44　设置后的效果

（3）背景修饰。

设置图表区的"形状样式"为"细微效果-红色，强调颜色2"。选中图表区，在【图表工具】的【格式】选项卡下，在【形状样式】组中单击【其他】按钮，如图 12-45 所示。在弹出的下拉列表中选择【细微效果-红色，强调颜色2】，如图 12-46 所示。设置后的效果如图 12-47 所示。

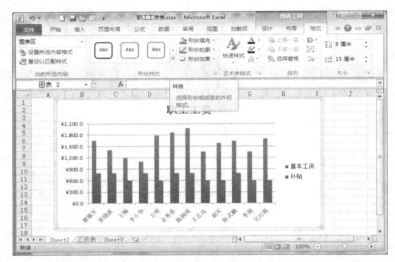

图 12-45　形状样式中的其他按钮

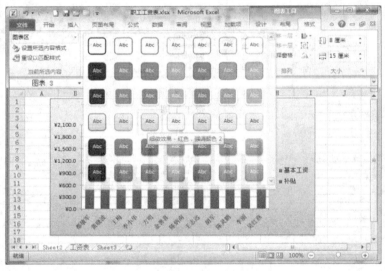

图 12-46　选择形状样式

（4）对图表绘图区进行格式化。

设置图表绘图区的填充颜色为渐变填充，颜色默认。

① 右键单击图表绘图区，在弹出的快捷菜单中选择【设置绘图区格式】，如图 12-48 所示。

② 在【设置绘图区格式】窗口中，单击【填充】选项，在右侧的【填充】窗口中，选择【渐变填充】，如图 12-49 所示。按 Enter 键或单击【关闭】，绘图区格式设置完成，如图 12-50 所示。用相同的方法可以设置绘图区的【边框颜色】、【边框样式】、【阴影】、【发光和柔光边缘】和【三维格式】等。

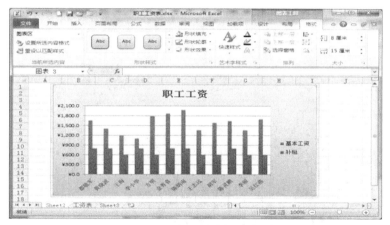

图 12-47　设置形状样式效果图

图 12-48　设置绘图区格式

图 12-49　选择渐变填充

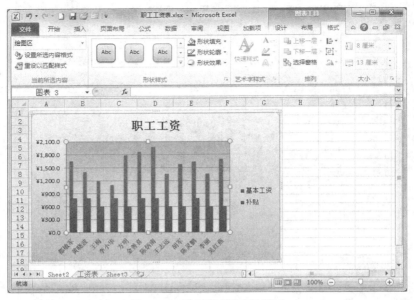

图 12-50　设置渐变填充效果图

（5）使用趋势线。

使用趋势线对基本工资数据进行预测和分析。

① 选中图表区，切换到【图表工具】的【布局】选项卡，展开【分析】组，单击【趋势线】，在下拉列表中选择【其他趋势线选项】，如图 12-51 所示。

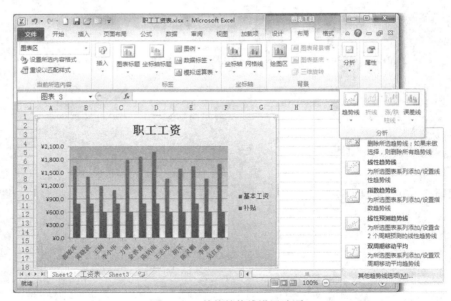

图 12-51　其他趋势线设置选项

② 在弹出的【添加趋势线】窗口中，选择【基本工资】，如图 12-52 所示。单击【确定】按钮，弹出【设置趋势线格式】窗口，单击【趋势线选项】按钮，在【趋势预测/回归分析类型】组合框中选择【线性】，然后选中下边的【显示公式】，如图 12-53 所示，按 Enter 键或单击【关闭】按钮，设置后的效果如图 12-54 所示。

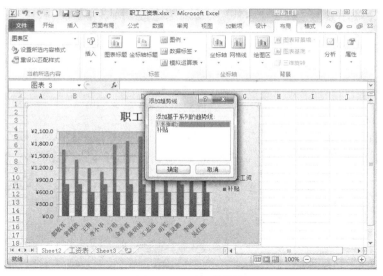

图 12-52 添加趋势线

图 12-53 设置趋势线格式

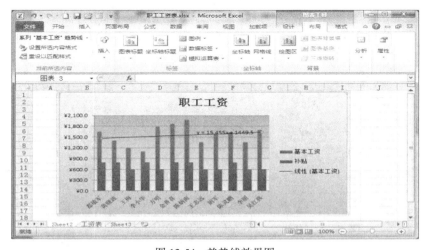

图 12-54 趋势线效果图

③ 保存【职工工资表.xlsx】工作簿文件。

【实验12.6】使用数据透视表

【实验内容】

（1）创建数据透视表。

（2）编辑数据透视表。

【实验步骤】

1. 创建数据透视表

（1）打开"职工工资表.xlsx"，选中数据区域中的任意单元格，切换到【插入】选项卡，在【表格】组中单击【数据透视表】按钮，在弹出的下拉列表中选择【数据透视表】，如图 12-55 所示。

图 12-55　插入数据透视表

（2）在【创建数据透视表】窗口中，单击【现有工作表】选项，在【位置】文本框中输入"Sheet3!\$A\$1"，如图 12-56 所示。单击【确定】按钮，在工作表 Sheet3 中创建一个空白的数据透视表，并弹出【数据透视表字段列表】任务空格。如图 12-57 所示。

图 12-56　输出位置

图 12-57   数据透视表字段列表任务空格

（3）在【选择要添加到报表的字段】列表中选择【部门】、【基本工资】和【补贴】，如图 12-58 所示。字段添加完成关闭【数据透视表字段列表】，如图 12-59 所示。

图 12-58   添加字段

图 12-59   关闭数据透视表字段列表任务空格

2. 编辑数据透视表

（1）隐藏数据透视表中的"财务部"的相关信息。

① 单击【行标签】右边的下箭头，如图 12-60 所示。在弹出的下拉列表框中撤销【财务部】，单击【确定】，效果如图 12-61 所示。

图 12-60　行标签

图 12-61　隐藏"财务部"相关信息

② 单击【行标签】右边的下箭头，在弹出的下拉列表框中选择【从"部门"中清除筛选】，可重新显示数据透视表中的所有数据。如图 12-62 所示。

（2）设置数据透视表布局。

① 切换到【数据透视表工具】的【设计】选项卡，在【布局】组中单击【报表布局】按钮，在其下拉列表中选择【以表格形式显示】，如图 12-63 所示。显示结果如图 12-64 所示。

② 在【布局】组中单击【总计】按钮，在其下拉列表中选择【对行和列禁用】，如图 12-65 所示。可隐藏数据透视的总计。显示结果如图 12-66 所示。

③ 在【布局】组中单击【总计】按钮，在下拉列表中选择【对行和列启用】，则显示数据透视的总计。

图 12-62　清除筛选

图 12-63　以表格形式显示

图 12-64　报表布局效果图

图 12-65　对行和列禁用

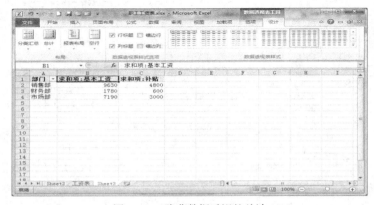

图 12-66　隐藏数据透视的总计

3. 设置数据透视表样式

设置数据透视表样式为"数据透视表样式中等深浅 13"。首先切换到【数据透视表工具】的
【设计】选项卡，然后在【数据透视表样式】组中单击【其他】按钮，在弹出的下拉列表中选择
【数据透视表样式中等深浅 13】，如图 12-67 所示。设置后的效果如图 12-68 所示。

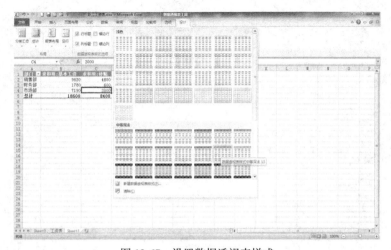

图 12-67　设置数据透视表样式

图 12-68 设置后的效果图

四、能力测试

（1）打开"学生成绩管理.xlsx"工作簿，将所有学生先按性别升序排序，性别相同的再按计算机降序排序。

（2）利用自动筛选功能，筛选出所有男学生的成绩信息。

（3）利用高级筛选功能，筛选出语文成绩大于 80，数学成绩大于 70 的学生成绩信息。

（4）按性别汇总各科成绩，如图 12-69 所示。

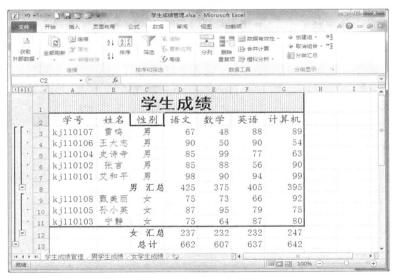

图 12-69 样表

（5）删除分类汇总。

（6）建立横坐标为姓名，纵坐标为各科成绩的数据点折线图，对所生成图表进行美化。结果如图 12-70 所示。

（7）根据学生成绩表创建数据透视表，结果如图 12-71 所示。

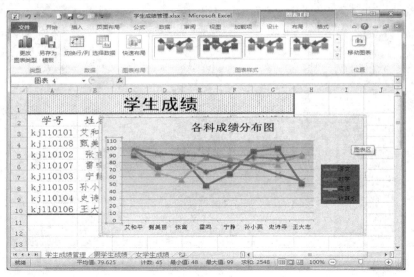

图 12-70　样表

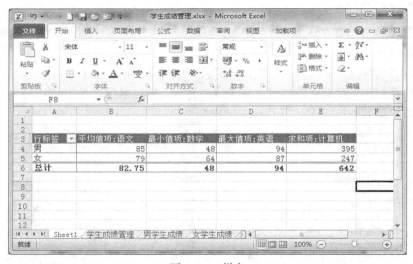

图 12-71　样表

*实验 13
WPS 电子表格的应用

一、预备知识

WPS 表格是 WPS Office 2010 的三个组件之一，它是电子表格软件，类似于微软公司的 Excel，是应用众多的电子表格类处理软件之一。同时 WPS 表格是一个灵活高效的电子表格制作工具，可以广泛应用于财务、行政、金融、经济和统计等众多领域。

1. WPS 电子窗口简介

打开 WPS 表格工作界面，如图 13-1 所示。在"首页"中有标题栏、菜单栏、常用工具栏、文字工具栏、表格模板文件等。其中各式各样的模板文件是其一大特色。例如：要建立一份"员工工资数据表"，只需单击【在线模板】下的"员工工资数据表"，下载模板供即可。

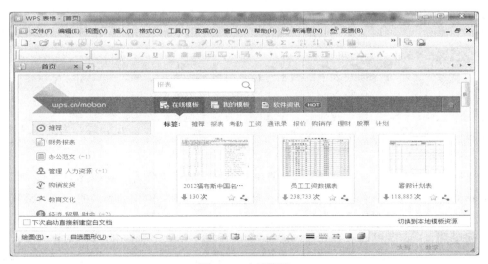

图 13-1   在线模板

单击【文件】菜单下的【新建】命令，进入电子表格空白编辑界面，如图 13-2 所示。

2. 数据的输入

（1）输入文字和数据。

① 输入文本。在 WPS 表格中，文本是指字符或者是数字和字符的组合。输入到单元格中的字符等，系统只要不理解成数字、公式、日期或逻辑值则 WPS 表格均视为文本。要想输入数值型文本数据，只需在数字前面输入西方的【'】即可完成定义。

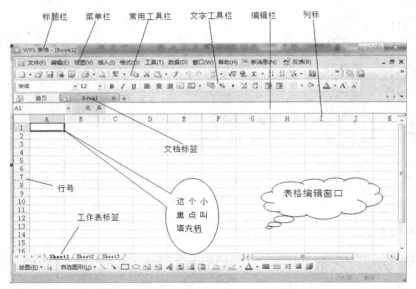

图 13-2　界面

② 输入数字。数字是由 0～9 以及特殊字符（+、-、&、%等）构成的。如果用括号将数字括起时，表示输入的是负数，如果要输入 1/2，应输入"0　1/2"，如果前面不加 0，将显示 1 月 2 日。

（2）自动填充数据。使用自动填充功能可以完成智能复制，快速输入数据，提高输入效率。在 WPS 表格中可以填充的常用序列有两类。第一类是：年、月份、星期、季度等文本型序列，对于文本型序列，只需输入第 1 个值，然后拖动填充柄就可以进行填充；第二类是数值型序列，对于数值型序列，需要输入两个数据，体现出数值的变化规则，再手动拖动填充柄进行填充。

3. 公式和函数

（1）通过公式不仅可以对表中的数据进行各种运算，如加、减、乘、除、比较、求平均值、最大值等，也可以建立工作簿之间、工作表之间、单元格之间的运算关系。使用公式时，当公式中引用的单元格原始数据发生改变时，公式的计算结果也会随之更新。在一个公式中，可以包含各种运算符、常量、变量、函数、单元格地址等。公式的输入与数据的输入不同，公式总是以等号（＝）开始的。

（2）函数是 Excel 提供的用于数值计算和数据处理的现成公式，由 3 部分组成，即函数名、参数和括号，例如，SUM(C4：F4)实现将区域 C4：F4 中的数值相加的功能。其中函数名用于标识函数，括号中的参数可以是数字、文本、常量、单元格、区域、公式或其他函数，多个参数之间用逗号隔开，当函数的参数是其他函数时，称为嵌套。WPS 支持 100 多种常用函数，可以进行多种运算。其中常用的函数有：SUM()函数、AVERAGE()函数、COUNTIF()函数和 IF()函数。

4. 数据的排序和筛选

（1）数据排序。为了数据查找的方便和其他操作的需要，可以对数据排序。数据排序总是依照一定的关键字的值来进行的。关键字一般是数据清单中的字段名，可以按照关键字的值采取升/降序排列。有时仅用一个关键字排序还达不到目的，还可以对其他关键字继续排序。

（2）数据的筛选。在数据列表中如果只想显示符合条件的记录，暂时隐藏不符合条件的记录，可以使用 Excel 的筛选功能。Excel 2010 提供了【简单筛选】和【自定义筛选】命令来筛选数据。简单筛选可以满足大部分需要，当需要用复杂条件来筛选数据时要使用自定义筛选。

5. 数据的分类汇总

在数据的统计分析中经常需要分类汇总。数据分类汇总是将数据清单中的数据按某一个关键字的值进行分类，然后再按类进行求和、求平均、计数、求方差等运算。实现对分类汇总值的计算，而且将计算结果分组显示出来。分类汇总前首先要对数据清单按汇总字段进行排序。

6. 图表

图表的作用是将工作表中的数据用图形表示出来。在使用 Excel 编辑、分析数据的过程中，经常使用图表进行数据分析，使数据表现得更加可视化、形象化，以便用户观察数据的宏观走势和规律。

二、实验目的

（1）掌握数据清单的基本操作。
（2）掌握数据的排序。
（3）掌握数据的筛选。
（4）掌握数据的分类汇总。
（5）掌握嵌入图表和独立图表的创建。
（6）掌握图表的整体编辑和对图表中各对象的编辑方法。
（7）掌握数据透视表的创建。

三、实验内容及步骤

【实验 13.1】数据的输入

【实验内容】

（1）自动填充。

（2）公式的输入。

【实验步骤】

1. 自动填充

打开【学生成绩管理.xls】文件，如图 13-3 所示。在 A2 单元格中输入【kj1342301】，然后鼠标放在 A2 单元格右下角的小黑点上，出现【+】时，按住鼠标左键向下拖拽至 A9，释放，如图 13-4 所示。如果在自动填充过程中，按住 Ctrl 键的同时拖曳鼠标，则进行复制操作。

图 13-3　界面

图 13-4　自动填充

2. 公式的输入

在工作表【Sheet1】中，在【计算机】列后添加【总分】列，并在 H2 单元格中输入公式：=D2+E2+F2+G2。按 Enter 键或单击编辑栏上的【√】确认输入公式。然后自动填充其他单元格，计算其他学生的总分，如图 13-5 所示。

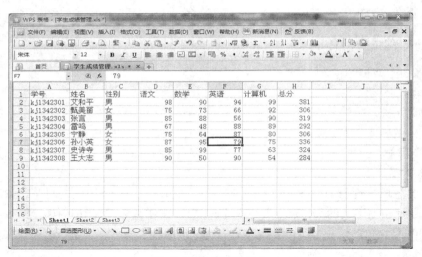

图 13-5　计算学生总分

【实验 13.2】函数的应用

【实验内容】

（1）SUM()函数应用。

（2）AVERAGE()函数应用。

（3）COUNTIF()函数应用。

（4）IF()函数应用。

【实验步骤】

1. SUM()函数应用

计算每个学生的总分。

（1）在 I1 单元格输入【等级】、A10 单元格输入【每门课程平均分】、A11 单元格输入【各科不及格人数】和 A12 单元格输入【所有学生的平均分】，并清除 H2：H9 单元格区域数据。

（2）单击 H2 单元格，在【插入】菜单下单击【函数】，弹出【插入函数】对话框，切换到【常用函数】选项卡，在【选择函数】处选择【SUM】，如图 13-6 所示。

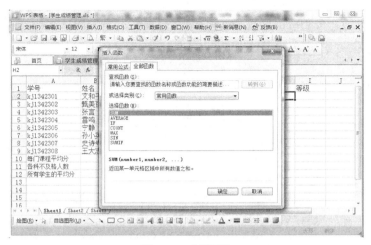

图 13-6　选择函数

（3）单击【确定】按钮，弹出【函数参数】对话框，在【数值 1】处输入【D2：G2】，如图 13-7 所示。单击【确定】按钮，在 H2 单元格就计算出总分了。通过自动填充其他单元格，计算其他学生的总分。

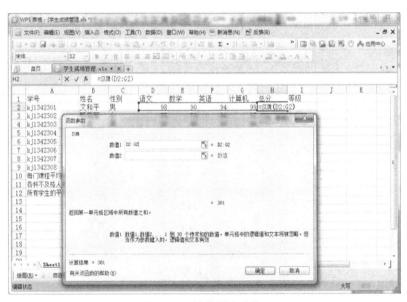

图 13-7　计算学生总分

2．AVERAGE()函数应用

（1）计算每门课程平均分。单击 D10 单元格，在【插入】菜单下单击【函数】，弹出【插入函数】对话框，切换到【常用函数】选项卡，在【选择函数】处选择【AVERAGE】，单击【确定】按钮，在弹出的【函数参数】对话框中，在【数值 1】处输入【D2：D9】，单击【确定】

按钮，在 D10 单元格就计算出语文的平均分。通过自动填充其他单元格，计算其他课程的平均分。如图 13-8 所示。

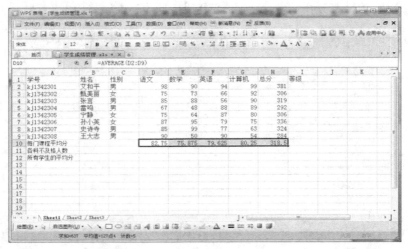

图 13-8　AVERAGE 函数

（2）计算所有学生的平均分。单击 D12 单元格，在【插入】菜单下单击【函数】，弹出【插入函数】对话框。切换到【常用函数】选项卡，在【选择函数】处选择【AVERAGE】，单击【确定】按钮。在弹出的【函数参数】对话框中，在【数值 1】处输入【D2：G9】，单击【确定】按钮，在 B12 单元格就计算出所有学生的平均分，如图 13-9 所示。

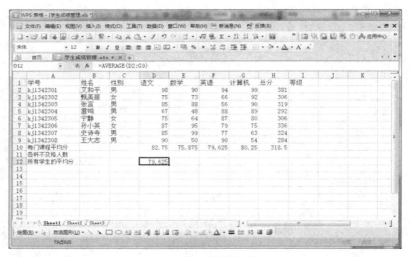

图 13-9　计算平均分

3．COUNTIF()函数应用

计算各科不及格人数。

（1）单击 D11 单元格，在【插入】菜单下单击【函数】，弹出【插入函数】对话框，切换到【常用函数】选项卡，或【选择类别】中选择【全部】，在【选择函数】处选择【COUNTIF】，单击【确定】按钮，在弹出的【函数参数】对话框中，在【区域】处输入【D2：D9】，在【条件】处输入【"<60"】，如图 13-10 所示。

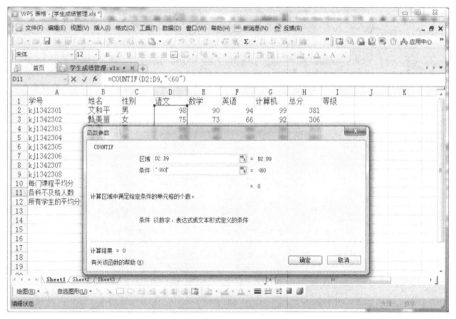

图 13-10　COUNTIF 函数

（2）单击【确定】按钮，在 D11 单元格就计算出语文课程不及格人数。通过自动填充其他单元格，计算其他课程的不及格人数，如图 13-11 所示。

图 13-11　统计不及格人数

4. IF()函数应用

统计每个学生的等级。

（1）单击 I2 单元格，在【插入】菜单下单击【函数】，弹出【插入函数】对话框，切换到【常用函数】选项卡，或【选择类别】中选择【全部】，在【选择函数】处选择【IF】，单击【确定】按钮，在弹出的【函数参数】对话框中，在【测试条件】处输入【H2>300】，在【真值】处输入【"优秀"】，在【假值】处输入【"良好"】，如图 13-12 所示。

（2）单击【确定】按钮，在 D11 单元格就计算出语文课程不及格人数。通过自动填充其他单元格，计算其他学生的等级情况，如图 13-13 所示。

图 13-12　IF 函数

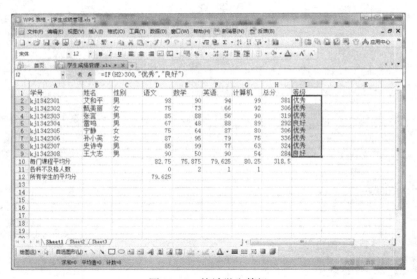

图 13-13　统计学生等级

【实验 13.3】数据处理

【实验内容】

（1）单列排序。

（2）排序。

（3）简单筛选。

（4）自定义筛选。

（5）分类汇总。

【实验步骤】

1. 单列排序

在工作表【Sheet1】中选择 A1：I9 单元格区域，复制数据到工作表【Sheet2】单元格 A1 开始处。在工作表【Sheet2】中按【总分】降序排序。选中数据区域中的任意单元格，单击【数据】

菜单，在其下拉列表中选择【排序】，弹出【排序】对话框，如图 13-14 所示。在【主要关键字】下选择【总分】，并单击右侧的【降序】，排序结果如图 13-15 所示。

图 13-14　排序

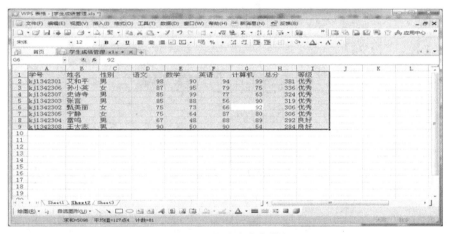

图 13-15　按总分降序排序

2. 多列排序

先按【性别】升序排序，再按【总分】降序排序。选中数据区域中的任意单元格，单击【数据】菜单，在其下拉列表中选择【排序】，或单击常用工具栏上的 按钮，弹出【排序】对话框，如图 13-16 所示。在【主要关键字】下选择【性别】，并单击右侧的【升序】，在【次要关键字】下选择【总分】，并单击右侧的【降序】。排序结果如图 13-17 所示。

3. 简单筛选

在工作表【Sheet2】中筛选出所有男同学的成绩信息。

（1）选中数据区域中的任意单元格，单击【数据】菜单，在其下拉列表中选择【筛选】，在其弹出列表中选择【自动筛选】，或单击常用工具栏上的 按钮，如图 13-18 所示。

（2）单击【性别】后面的 按钮，在其下拉列表中选择【男】，即筛选出所有男同学的成绩信息，如图 13-19 所示。再次单击常用工具栏上的 按钮，则显示所有记录。

图 13-16　排序

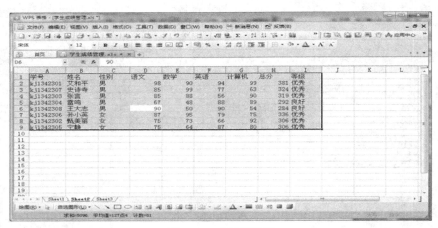

图 13-17　多字段排序

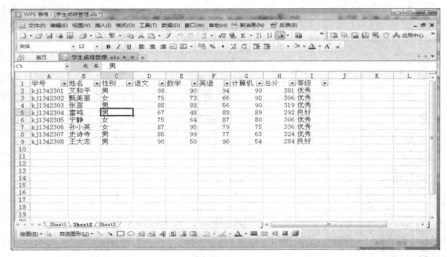

图 13-18　筛选

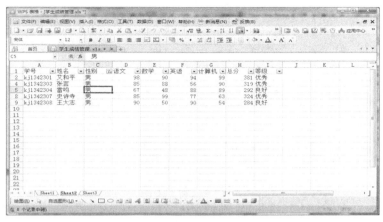

图 13-19　按性别筛选

4．自定义筛选

筛选出计算机成绩不及格的男同学的信息。

（1）选中 C1 和 G1 单元格，复制到 C11 和 D11 单元格，在 C12 单元中输入【男】，在 D12 单元格中输入【<60】，如图 13-20 所示。

图 13-20　设置筛选条件

（2）选中数据区域中任意单元格，单击【数据】菜单，在其下拉列表中选择【筛选】，在其弹出列表中选择【高级筛选】，弹出【高级筛选】窗口。单击【列表区域】后的折叠按钮，用鼠标拖动的方式，在工作表中选择单元格区域 A1：I9，选择完成后单击展开按钮，返回【高级筛选】对话框，用同样的方式设置【条件区域】为单元格区域 C11：D12，如图 13-21 所示。

（3）单击【确定】按钮，筛选结果如图 13-22 所示。再次单击【数据】菜单，在其下拉列表中选择【筛选】，在其弹出列表中选择【全部显示】则显示所有记录。

5．分类汇总

在工作表【Sheet2】中按性别汇总各科成绩的平均分。

（1）分类汇总前要先排序，选中【性别】列，单击常用工具栏上的 按钮，然后单击【数据】菜单，在其下拉列表中选择【分类汇总】命令，弹出【分类汇总】对话框。在【汇总方式】中选择【平均值】，在【选定汇总项】中选择【语文】、【数学】、【英语】和【计算机】，如图 13-23 所示。

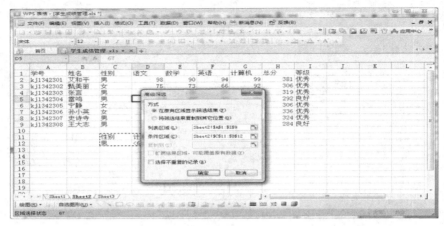

图 13-21　区域选择

图 13-22　筛选结果

图 13-23　汇总

（2）单击【确定】按钮，汇总后的结果如图 13-24 所示。

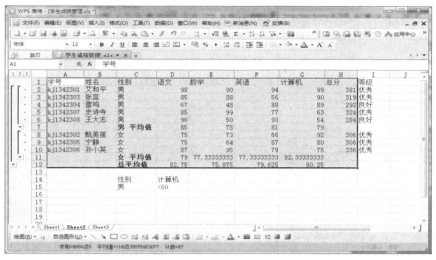

图 13-24　按性别汇总各科成绩的平均分

【实验 13.4】格式化工作表

【实验内容】

（1）合并单元格。

（2）设置字体格式和对齐方式。

（3）设置边框和底纹。

【实验步骤】

1．合并单元格

（1）增加标题。切换到工作表【Sheet1】，在表头前插入一行，选中 A1：I1 单元格区域，用鼠标右键单击，在弹出快捷菜单中选择【设置单元格格式】命令，弹出【单元格格式】对话框。切换到【对齐】选项卡，在【文本控制】区选中【合并单元格】，如图 13-25 所示。

（2）单击【确定】按钮，输入标题：学生成绩管理。

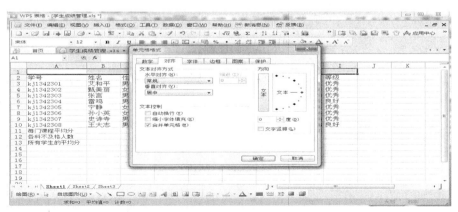

图 13-25　合并单元格

2．设置字体格式和对齐方式

设置标题格式：字体为黑体，加粗，字号为 28，居中对齐；设置表头格式：字体为楷体，字号为 18，居中对齐；其他数据字体为仿宋，字号为 16，含数字的列右对齐，其余居中对齐。

（1）选中标题，用鼠标右键单击，弹出快捷菜单，选择【设置单元格格式】命令，弹出【单元格格式】对话框。切换到【字体】选项卡，在【字体】中选择【黑体】，在【字形】中选择【粗体】，在【字号】中选择【28】，如图 13-26 所示。切换到【对齐】选择卡，在【文本对齐方式】中设置【水平对齐】居中，【垂直对齐】居中，标题设置后的效果如图 13-27 所示。也可以使用【文字工具栏】来设置。

图 13-26　设置字体

图 13-27　设置对齐方式

（2）设置表头和其他数据。按照设置标题的方法设置表头和其他数据，操作步骤略，设置后的效果如图 13-28 所示。

图 13-28　设置表头和其他数据

3．设置边框和底纹

为工作表 A1：I10 添加蓝色的粗实线外框和黄色的细实线内框，为标题加上浅粉色底纹，图案样式为 6.25%灰色。

（1）选中单元格 A1：I10，用鼠标右键单击，弹出快捷菜单，选择【设置单元格格式】命令，弹出【单元格格式】对话框，如图 13-29 所示。切换到【边框】选项卡，在样式列表框中选择双线，在【颜色】列表中选择蓝色，然后单击【外边框】按钮，为表格添加外边框，单击【内部】按钮，为表格添加粉色实线内框线。设置后的效果如图 13-30 所示。

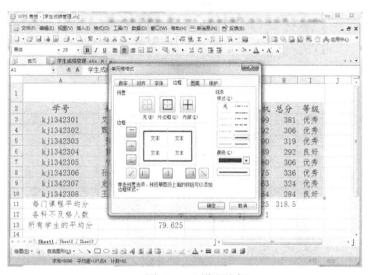

图 13-29　设置边框

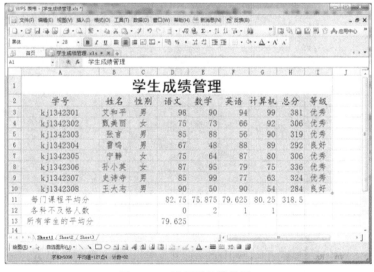

图 13-30　设置后的效果图

（2）选中标题单元格，用鼠标右键单击，在弹出菜单中选择【设置单元格格式】命令，打开【设置单元格格式】窗口，如图 13-31 所示。切换到【图案】选项卡，在【颜色】列表框中选择淡黄色，在【图案样式】中选择【12.5%灰色】，单击【确定】按钮，设置后的效果如图 13-32 所示。

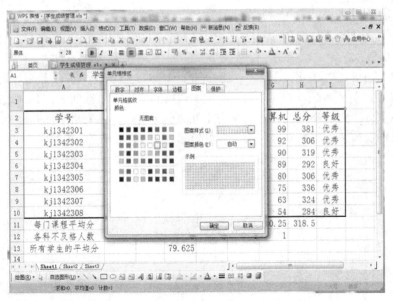

图 13-31　设置填充

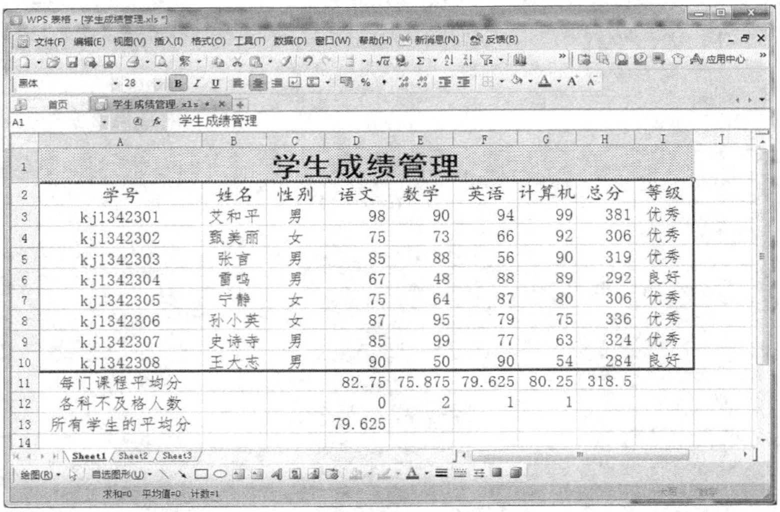

图 13-32　设置后的效果图

【实验 13.5】图表的使用

【实验内容】

使用图表向导创建图表

【实验步骤】

（1）切换到工作表【Sheet1】，选择 B2：B10，D2：G10 单元格区域，单击【插入】菜单，在其下拉列表中选择【图表】，弹出【图表类型】对话框。单击【柱形图】下的，展开【配色方案】，单击第一列第 2 行的配色方案，如图 13-33 所示。

（2）单击【下一步】按钮，弹出【源数据】对话框。使用默认值，单击【下一步】按钮，弹出【图表选项】对话框，切换到【标题】选项卡，在【图表标题】下的文本框中输入：学生成绩管理。单击【完成】按钮，生成图表，如图 13-34 所示。

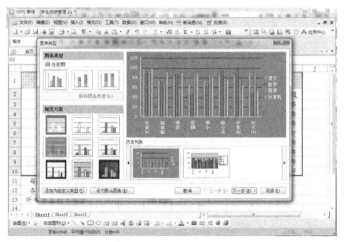

图 13-33　创建图表

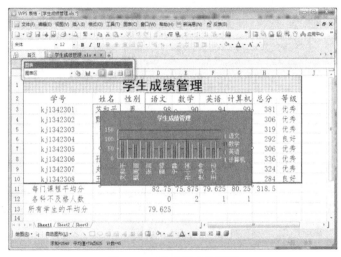

图 13-34　生成图表效果图

四、能力测试

（1）创建如图 13-35 所示工作表，并保存于"桌面"，命名为"成绩管理.et"。

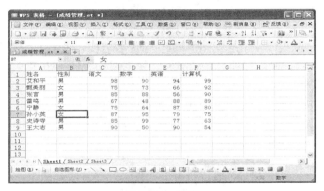

图 13-35　样表

（2）在"姓名"前增加一列"学号"，在单元格 A2 中输入 1，然后用序列填充 A3：A9 单元格中的数据。

（3）在第一行前插入一行，输入标题"学生成绩管理"。

（4）在工作表中"Sheet1"中选择单元格 A2:G10，复制到工作表"Sheet2"和工作表"Sheet3"单元格 A1 开始处。

（5）增加"总分"和"评优"列，增加"不及格人数"、"最高分"、"最低分"和"平均分"行，如图 13-36 所示。

图 13-36　样表

（6）计算每个学生的"总分"；每门课程的"不及格人数"、"最高分"、"最低分"及"平均分"，填入相应的单元格。

（7）利用 IF 函数，把总分>=330 学生的"评优"一栏中填入"优秀",其他填"良好"。IF 函数格式为 "=IF(H3>=330,"优秀","良好")"。运算后的结果如图 13-37 所示。

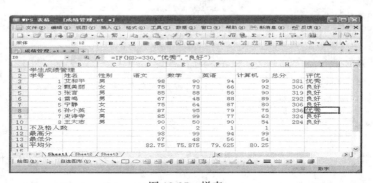

图 13-37　样表

（8）合并 A1：I1 单元格。设置标题格式：字体为黑体，加粗，字号为 28，居中对齐；设置表头格式：字体为楷体，字号为 18，居中对齐；其他数据字体为仿宋，字号为 16，含数字的列右对齐，其余居中对齐。

（9）自动调整列宽。为工作表 A1：I10 添加蓝色的粗实线外框和黄色的细实线内框，为标题加上浅粉色底纹，图案样式为 12.25%灰色，如图 13-38 所示。

（10）利用自动筛选功能，筛选出所有男学生的成绩信息。

（11）利用高级筛选功能，筛选出语文成绩大于 80，数学成绩大于 70 的学生成绩信息。

（12）按性别汇总各科成绩平均分，如图 13-39 所示。

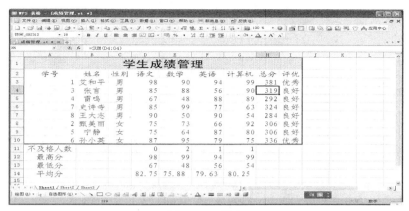

图 13-38　样表

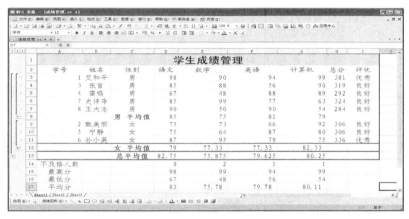

图 13-39　样表

（13）删除分类汇总。

（14）建立横坐标为姓名，纵坐标为各科成绩的数据点折线图，对所生成图表进行美化。结果如图 13-40 所示。

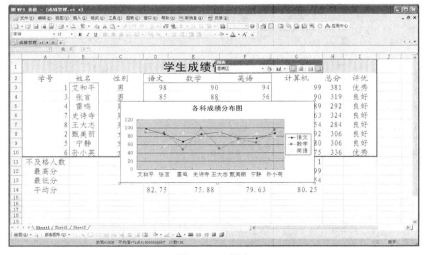

图 13-40　样表

实验 14
Excel 2010 综合测试

一、实验目的

（1）了解 Excel 的基础知识。

（2）掌握 Excel 的基本操作。

（3）能够运用所学知识对工作表进行数据管理、数据分析与统计、格式化等一系列操作。

二、实验内容

用 Excel 2010 制作员工工资管理系统，要求具有如图 14-1 所示的功能。

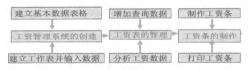

图 14-1　员工工资管理系统功能图

1. 建立基本数据表

（1）基本工资表，如图 14-2 所示。

图 14-2　基本工资表

（2）考勤表，如图 14-3 所示。

图 14-3   考勤表

（3）奖金记录表，如图 14-4 所示。

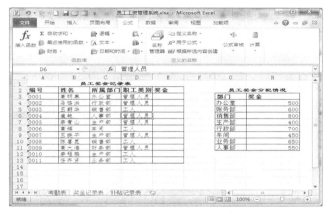

图 14-4   奖金记录表

（4）补贴记录表，如图 14-5 所示。

图 14-5   补贴记录表

2. 完善奖金记录表和补贴记录表

可以使用 IF() 来计算奖金和补贴的值，如图 14-6 和图 14-7 所示。

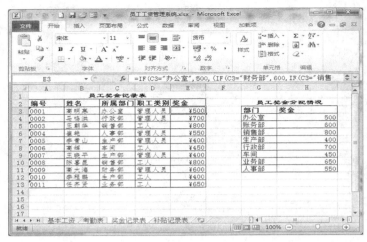

图 14-6　计算奖金

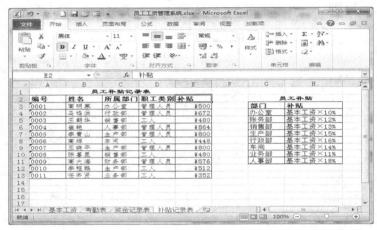

图 14-7　计算补贴

3. 建立工资发放明细表

如图 14-8 所示。

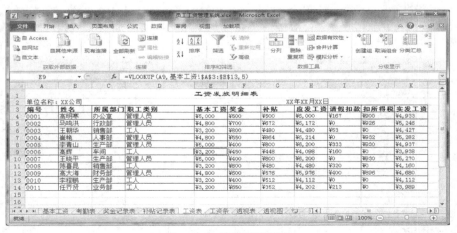

图 14-8　工资发放明细表

其中请假捐款=基本工资/30×请假天数，若应发工资>5000,所得税=应发工资×15%。

"工资发放明细表"中第四行单元格中各公式说明：

B4=VLOOKUP(A4,基本工资!$A$3:$E$13,2)

C4=VLOOKUP(A4,基本工资!$A$3:$E$13,3)

D4=VLOOKUP(A4,基本工资!$A$3:$E$13,4)

E4=VLOOKUP(A4,基本工资!$A$3:$E$13,5)

F4=VLOOKUP(A4,奖金记录表!$A$3:$E$13,5)

G4=VLOOKUP(A4,补贴记录表!$A$3:$E$13,5)

H4=E4+F4+G4

I4=ROUND(E4/30*(VLOOKUP(A4,考勤表!$A$3:$E$13,5)),0)

J4=IF(H4>5000,H4*15%,0)

K4=H4-I4-J4

4. 工资条的制作

如图 14-9 所示。

5. 分析工资数据，生成透视表、透视图

如图 14-10 和图 14-11 所示。

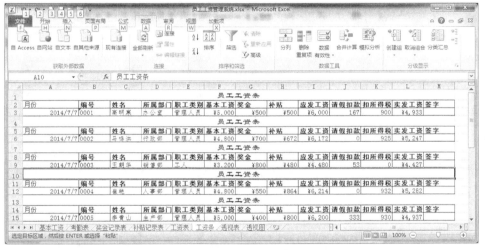

图 14-9　建立工资条

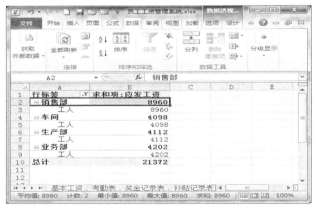

图 14-10　数据透视表

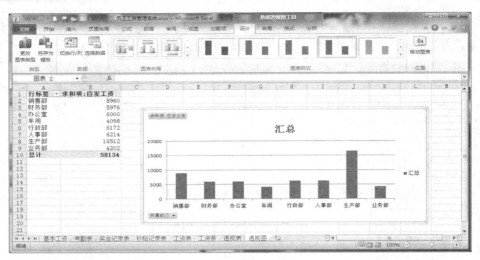

图 14-11　数据透视图

实验 15
PowerPoint 2010 演示文稿的创建

一、预备知识

1. 初识 PowerPoint 2010 演示文稿

在 Microsoft 公司推出的办公软件 Office 2010 中，有一款功能非常强大的用于制作演示文稿的常用组件——PowerPoint 2010，PowerPoint 2010 在选项卡和工作界面的设置上与 Word 和 Excel 大致相同，各个工具和功能的使用十分简单，一般情况下，被广泛应用于学习和工作的各个领域中，运用 PowerPoint 可以将文字、图片、声音、视频等各种信息合理的组织在一起，更加形象地表达演示者需要讲述的信息，可以用于传授知识、促进交流等各个方面，本节将详细介绍 PowerPoint 2010 的相关基础知识。

2. PowerPoint 2010 用户界面

PowerPoint 2010 是 PowerPoint 的最新版本，其操作界面与以前的版本有很大的不同，同时新增了多项功能，使其在原来版本的基础上有了较大的改变，PowerPoint 2010 继承了 Office 家族传统优势，以易用性、智能化和集成性为基础，将功能进一步改变和优化，从而为用户提供了一个崭新的学习界面。

（1）标题栏。标题栏位于 PowerPoint 2010 工作界面的最上方，用于显示当前正在编辑的演示文稿和程序名称。拖动标题栏可以改变窗口的位置，用鼠标双击标题栏可最大化或还原窗口。在标题栏的最右侧，是【最小化】按钮▬、【最大化】按钮◻/【还原】按钮◙和【关闭】按钮 ✕，用于执行窗口的最小化、最大化/还原和关闭操作。如图 15-1 所示。

演示文稿1 - Microsoft PowerPoint

图 15-1　标题栏

（2）快速访问工具栏。【快速访问】工具栏位于 PowerPoint 2010 工作界面的左上方，用于快速执行一些操作。默认情况下【快速访问】工具栏中包含 3 个按钮，分别是【保存】按钮▬、【撤销键入】按钮 和【重复键入】按钮 。在 PowerPoint 2010 的使用过程中，用户可以根据实际工作需要，添加或删除【快速访问】工具栏中的命令选项，如图 15-2 所示。

图 15-2　快速访问工具栏

（3）Backstage 视图。PowerPoint 2010 为方便用户使用，新增了一个新的 Backstage 视图，在

该视图中可以对演示文稿中的相关数据进行方便有效的管理。Backstage 视图取代了早期版本中的【Office】按钮和文件菜单，使用起来更方便，如图 15-3 所示。

图 15-3　Backstage 视图

（4）功能区。PowerPoint 2010 的功能区位于标题的下方，默认情况下由 10 个选项卡组成，分别为【文件】、【开始】、【插入】、【设计】、【切换】、【动画】、【幻灯片放映】、【审阅】、【视图】和【加载项】。每个选项卡中包含不同的功能区，功能区由若干组组成，每个组中由若干功能相似的按钮和下拉列表组成，如图 15-4 所示。

图 15-4　工作区

（5）幻灯片编辑窗口。幻灯片编辑窗口位于窗口中间，在此区域可以向幻灯片中输入内容并对内容进行编辑，插入图片、设置动画效果等，是 PowerPoint 2010 的主要操作区域，如图 15-5 所示。

图 15-5　幻灯片编辑窗口

（6）【大纲】和【幻灯片】窗格。PowerPoint 2010 的【大纲】和【幻灯片】窗格位于幻灯片编辑窗口的左侧。在【幻灯片】窗格中，可以显示演示文稿中所有的幻灯片；在【大纲】窗格中，可以显示每张幻灯片中的标题和文字内容，如图 15-6 所示。

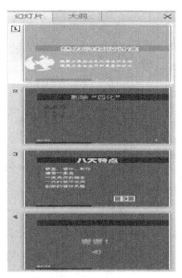

图 15-6　大纲、幻灯片窗格

（7）【备注】窗格。【备注】窗格位于 Power Point 2010 工作区的下方，用于为幻灯片添加备注，从而完成幻灯片的内容，便于用户查找编辑，如图 15-7 所示。

图 15-7　备注窗格

（8）状态栏。状态栏位于窗口的最下方，PowerPoint 2010 的状态栏显示的信息丰富，具有更多的功能，如查看幻灯片张数、显示主题名称、进行语法检查、切换视图模式、幻灯片放映和调节显示比例等，如图 15-8 所示。

图 15-8　状态栏

3．视图方式

视图是用户操作电脑时的工作界面，用户可以切换到不同的视图方式下对演示文稿进行查看与编辑，PowerPoint 2010 提供了 4 种视图模式，分别是普通视图、幻灯片浏览视图、备注页视图和幻灯片放映视图。

（1）普通视图。普通视图是 PowerPoint 2010 程序的默认视图，是用户在演示文稿中的主要编辑视图，主要用于撰写和设计演示文稿，普通视图包含了 3 种窗格，分别为幻灯片浏览窗格、幻灯片编辑窗格和备注窗格，这些窗格方便用户在同一位置设置演示文稿的各种特征。在普通视图中，可以随时查看演示文稿中某张幻灯片的显示效果、文档大纲和备注内容，如图 15-9 所示。

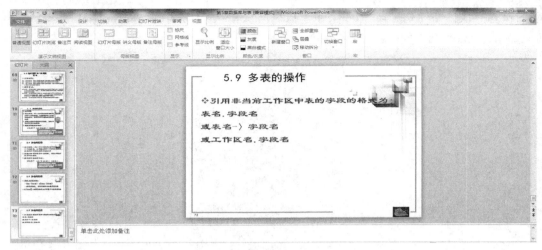

图 15-9　普通视图

（2）幻灯片浏览视图。在 PowerPoint 2010 中，幻灯片浏览视图可将演示文稿中的所有幻灯片内容按照缩略图的效果显示，以方便用户对整个演示文稿效果的查看，并且可以很方便的对幻灯片进行移动、删除等操作。用户可以同时查看文稿中的多个幻灯片，从而可以很方便的调整演示文稿的整体效果。如果准备切换到幻灯片浏览视图，单击功能区中的【视图】选项卡，在【演示文稿视图】组中单击【幻灯片浏览】按钮即可，幻灯片视图如图 15-10 所示。

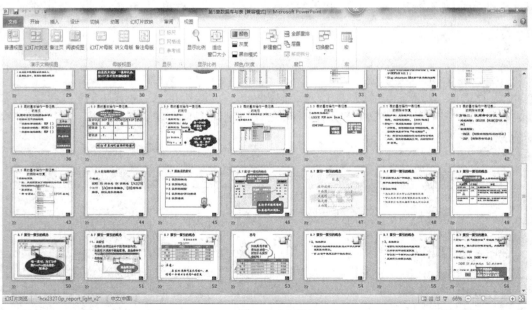

图 15-10　幻灯片浏览视图

（3）备注页视图。备注页视图用于为演示文稿中的幻灯片添加备注内容，用户可以为每张幻灯片创建独立的备注页内容。在普通视图的备注窗格中输入备注内容，如果准备以整个页面的形式查看和编辑备注，可以将演示文稿切换到备注页视图，在【视图】选项卡的【演示文稿视图】组中单击【备注页】按钮即可切换到备注页视图，如图 15-11 所示。

图 15-11　备注页视图

（4）幻灯片放映视图。幻灯片放映视图用于切换到全屏显示效果下对演示文稿中的当前幻灯片内容进行播放，在幻灯片放映视图中，用户可以观看演示文稿的放映效果，但在该视图模式下，用户无法对幻灯片的内容进行编辑与修改，如果准备在幻灯片放映视图下播放幻灯片，可以在【状态栏】中的【切换视图模式】区单击【幻灯片放映】按钮或在键盘上按下幻灯片播放的快捷键〈F5〉即可播放幻灯片，如图 15-12 所示。

图 15-12　幻灯片放映视图

4．设置演示文稿访问密码

在 PowerPoint 2010 中，对于重要的演示文稿，可以将演示文稿进行加密，防止他人访问，下面详细介绍设置演示文稿访问密码的操作方法。

在菜单栏中，选择【文件】选项卡，在打开的 BacKstage 视图中，选择【信息】选项。单击展开【保护演示文稿】下拉按钮，在弹出的下拉列表中，选择【用密码进行加密】选项，如图 15-13 所示。在【密码】文本框中，输入密码，单击【确定】按钮，如图 15-14 所示。通过以上步骤即可完成设置演示文稿访问密码操作。

图 15-13　设置密码

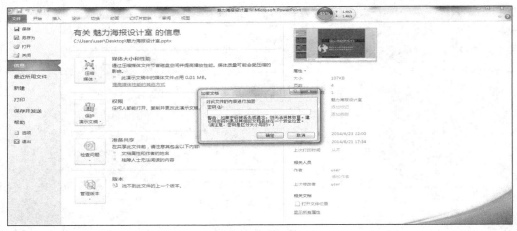

图 15-14　输入密码

二、实验目的

（1）掌握 PowerPoint 2010 的启动和退出。

（2）熟悉 PowerPoint 2010 的工作界面。

（3）掌握 PowerPoint 2010 的视图模式。

（4）掌握演示文稿的新建、保存、打开等基本文件操作。

（5）掌握幻灯片的插入、删除、复制、移动等操作。

三、实验内容及步骤

【实验 15.1】PowerPoint 2010 的启动

【实验内容】

PowerPoint 2010 的启动。

【实验步骤】

PowerPoint 2010 的启动。

1. 方法一

执行【开始】|【程序】|【Microsoft Office】|【Microsoft Office PowerPoint2010】的命令。

2. 方法二

双击桌面上的 PowerPoint 快捷图标，打开 PowerPoint 应用程序窗口。

【实验 15.2】PowerPoint 2010 的退出

【实验内容】

PowerPoint 2010 的退出。

【实验步骤】

1. 方法一

单击 PowerPoint 2010 工作界面右上角的【关闭】按钮，可退出 PowerPoint 2010。

2. 方法二

单击 PowerPoint 2010 工作界面左上角 📄 按钮，在弹出的菜单中选择【关闭】命令，可退出

PowerPoint 2010。

3. 方法三

双击【应用程序】按钮 P，可退出 PowerPoint 2010。

4. 方法四

在标题栏上单击鼠标右键，在弹出的快捷菜单中选择【关闭】命令，可退出 PowerPoint 2010。

5. 方法 5

在 PowerPoint 2010 工作界面中选择【文件】|【退出】命令，可退出 PowerPoint 2010。

【实验 15.3】创建演示文稿

【实验内容】

（1）新建空白演示文稿。

（2）使用模板创建演示文稿。

【实验步骤】

（1）用户需要新建另一个空白演示文稿，则可进行如下操作。

① 选择【文件】选项卡，在打开的 BacKstage 视图中选择【新建】选项，在【可用的模板和主题】区域，选择【空白演示文稿】选项，单击【创建】按钮 ，如图 15-15 所示。

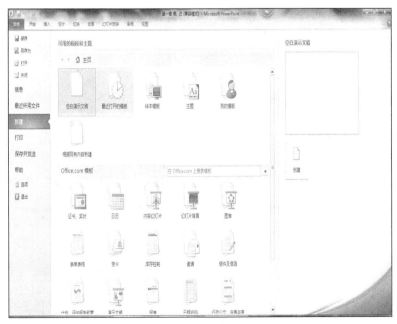

图 15-15　新建界面

② 新建一个空白演示文稿后，在标题栏中可以看到创建的演示文稿默认标题为"演示文稿2"，通过以上步骤即可完成创建空白演示文稿的操作，如图 15-16 所示。

（2）根据模板创建演示文稿。

① 在菜单栏中，选择【文件】选项卡，在打开的 BacKstage 视图中，选择【新建】选项，在【Office 模板】区域，单击【贺卡】选项。

② 在【Office 模板】区域，选择准备使用的模板，单击【下载】按钮 。

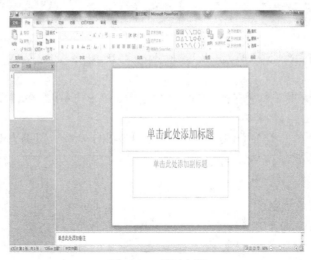

图 15-16　演示文稿

【实验 15.4】创建【项目报告】演示文稿

【实验内容】

（1）用模板创建一篇演示文稿。

（2）第二页设置为【两栏内容】样式的幻灯片。

（3）演示文稿中复制第一张幻灯片，并粘贴到最后一张。

（4）删除最后一张幻灯片。

（5）将演示文稿保存到指定目录 d:\。

【实验步骤】

1．用模板创建一篇演示文稿

（1）启动 PowerPoint 2010，选择【文件】|【新建】命令。

（2）在打开的【可用的模板和主题】列表框中选择【样本模板】选项，如图 15-17 所示。

图 15-17　进入模板

（3）在打开的【样本】列表框中选择【项目状态报告】选项，单击【创建】按钮，如图 15-18 所示。

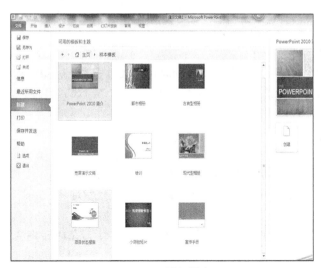

图 15-18　模板样式

2. 第二页设置为【两栏内容】样式的幻灯片

选择第二张幻灯片，单击【开始】|【幻灯片】组中的 ![新增幻灯片] 按钮，在打开的下拉列表中选择【两栏内容】选项，如图 15-19 所示。

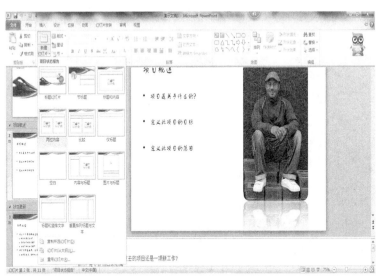

图 15-19　设置两栏

3. 演示文稿中复制第一张幻灯片，并粘贴到最后一张

（1）在【幻灯片】窗格选择第一张幻灯片，选择【开始】|【剪切板】组，单击 ![复制] 按钮。

（2）选择最后一张幻灯片，选择【开始】|【剪贴板】组，单击 ![粘贴] 按钮，在弹出的下拉列表中选择【保留源格式】选项。

（3）完成粘贴后，该幻灯片即出现在最后一张幻灯片后。

4. 删除最后一张幻灯片

拖动 PowerPoint 工作界面右侧的滚动条至最后一张幻灯片的位置，选择最后一张幻灯片，按 Delete 键将其删除。

5. 将演示文稿保存到指定目录 d:\

（1）选择【文件】|【保存】命令，打开【另存为】对话框，在保存窗格中选择演示文稿保存位置，如【d\】。在文本框中输入演示文稿的名称"项目报告"，单击保存按钮。

（2）若想再次打开该文档，只需打开【文档】窗口，在窗口工作区选择"项目报告"文档，双击其图标即可。

四、能力测试

（1）使用 PowerPoint 2010 自带的主题"暗香扑面"创建一个演示文稿，在第一张幻灯片下方插入两张【空白】幻灯片，再将第一张幻灯片复制到第 3 张幻灯片，完成后，保存演示文稿为"暗香扑面"。

（2）打开"项目报告"演示文稿，删除第四张幻灯片，完成后将演示文稿保存到"项目报告 1"。

实验 16
PowerPoint 2010 演示文稿的基本编辑

一、预备知识

1. 输入与编辑幻灯片中的文本信息

本节主要介绍了在幻灯片中添加文字、通过文本框输入文本、编辑文本和应用艺术字方面的知识与技巧，同时还讲解了幻灯片的页面设置。通过本节的学习，可以掌握输入与编辑幻灯片中的文本信息方面的知识，为进一步学习 PowerPoint 2010 幻灯片制作知识奠定了基础。

2. 在幻灯片中添加文字

文本对演示文稿中主题、问题的说明及阐述作用是其他对象不可代替的。在幻灯片中添加文本的方法有很多种，常用方法有使用占位符、使用文本框等。

（1）使用占位符。占位符是包含文字和图形等对象的容器，其本身是构成幻灯片内容的基本对象，具有自己的属性。用户可以对占位符本身进行移动、复制和删除等操作。

占位符内部往往有【单击此处添加文本】之类的提示语，一旦鼠标单击之后，提示语会自动消失。当用户需要创建模板时，占位符能起到规划幻灯片结构的作用，调节幻灯片版面中各部分的位置和所占面积的大小。下面具体介绍在占位符中输入文本的操作方法。

① 第一步。启动 PowerPoint 2010，软件会自动在打开的窗口中插入一张标题幻灯片，该幻灯片包括两个文本占位符，即标题占位符和副标题占位符，如图 16-1 所示。

② 第二步。单击幻灯片中的标题占位符，此时，在占位符中出现闪烁的光标，即为文本插入点，在此便可输入幻灯片标题文本内容，同时占位符变成带有控制点按钮的虚框，如图 16-2 所示。

图 16-1　标题幻灯片

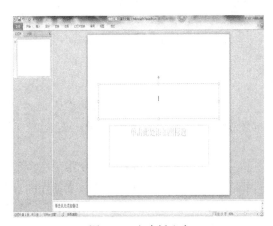

图 16-2　文本插入点

③ 第三步。在光标定位处输入相应的文字内容即可完成输入文本的操作，如输入"计算机基础教案"如图 16-3 所示。

图 16-3　输入文本

（2）通过文本框输入文本。用户除了可以在幻灯片提供的占位符中输入文本内容外，还可以在文本框中输入文本内容，下面将具体介绍通过文本框输入文本的操作方法。

第一步：启动 PowerPoint 2010，选择【插入】选项卡，单击【文本框】按钮 下部，在弹出的下拉列表框中选择【横排文本框】选项，如图 16-4 所示。

第二步：此时，鼠标呈十字状，单击并拖动鼠标在幻灯片中绘制文本框，绘制完成后释放鼠标。

第三步：绘制文本框完成后，用户可以直接在其中输入文本内容，并且输入的文本内容显示为横排样式，如图 16-5 所示。

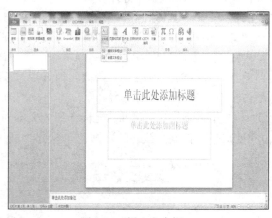

图 16-4　插入文本框

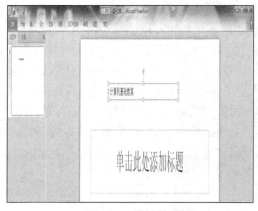

图 16-5　横排样式

（3）编辑文本。在掌握了如何输入文本内容后，还需要对文本内容进行编辑等操作，下面具体介绍操作方法。

① 选择文本。

第一步：单击准备进行选择文本的占位符左侧，此时在文本的左侧会出现文本插入点。

第二步：单击并拖鼠标，从文本的左侧开始拖动至需要选择的文本处，光标经过的文本内容会呈选中状态，选择完需要的文本内容后，释放鼠标即可完成选择文本的操作。

② 复制与移动文本。在编辑文本的过程中，用户还常常需要对文本进行复制与移动等操作，

从而提高工作效率，省去不必要的编辑文本时间，下面具体介绍复制文本的操作方法。

第一步：选择准备进行复制的文本，选择【开始】选项卡，单击【剪贴板】组中的复制按钮
剪切。

第二步：定位文本插入点到文本准备移动的位置，选择【开始】选项卡，单击【剪贴板】组
中的【粘贴】按钮。

第三步：选择的文本已被复制并移动至准备移动的目标位置，这样即可完成复制文本的
操作。

3. 插入艺术字

使用 PowerPoint 2010 制作演示文稿时，为了使用某些标题或内容更加醒目经常会在幻灯片中
插入艺术字。下面将介绍插入艺术字的操作方法。

第一步：选择【插入】选项卡，在弹出的【文本】组中单击【艺术字】按钮，在弹出的艺术
字库中选择准备使用的艺术字，如图 16-6 所示。

第二步：插入默认文字内容为"请在此处放置您的文字"，用户选择适合的输入法，在其中
输入准备插入的艺术字的内容，如图 16-7 所示。

第三步：文字输入完后，将艺术字拖动到准备放置的位置，通过以上步骤即可完成在
PowerPoint 2010 演示完稿中插入艺术字的操作。

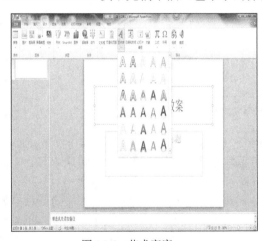

图 16-6　艺术字库　　　　　　　　　　　　图 16-7　插入艺术字

① 更改艺术字样式。在幻灯片中插入艺术字后，如果用户对插入的艺术字样式不满意，可
以重新更改艺术字样式，下面具体介绍其操作方法。

第一步：在幻灯片中，选择准备更改的艺术字，选择【格式】选项卡，单击【快速样式】按
钮，在弹出的艺术字库中选择准备应用的艺术字。

第二步：选择的艺术字样式已被更改，通过以上步骤即可完成更改艺术字样式的操作。

② 设置幻灯片的大小和方向。在打印幻灯片之前，需要对幻灯片的页面进行设置，包括设
置幻灯片的大小及方向等，下面介绍设置幻灯片大小与方向的操作。

第一步：打开 PowerPoint 2010 演示稿，选择【设计】选项卡，在【页面设置】组中单击【页
面设置】按钮，弹出如图 16-8 所示页面。

第二步：在【幻灯片大小】下拉列表中选择【A4 纸张】列表项，在【幻灯片】区域选中【纵
向】单选按钮，单击【确定】按钮。通过以上步骤即可完成设置幻灯片大小与方向的操作。

图 16-8　页面设置

③ 设置页眉和页脚。还可以为幻灯片设置页眉和页脚，下面具体介绍其操作方法。

第一步：打开 PowerPoint 2010 演示文稿，选择【插入】选项卡，在【文本】组中单击【页眉和页脚】按钮。

第二步：弹出【页眉和页脚】对话框，选择【幻灯片】选项卡，选中【日期和时间】复选框，选中【自动更新】单选按钮，选中【幻灯片编号】复选框，选择【页脚】复选框并在文本框中输入文本内容，单击【全部应用】按钮，如图 16-9 所示，通过上述操作即可为每张幻灯片设置页眉和页脚。

图 16-9　页面和页脚对话框

4. 查找与替换文本

如果文本中输入了错误的文本，可以利用查找与替换操作快速修改文本中的错误内容，下面以将文本中的"力"修改为文本"量"为例，具体介绍查找与替换文本的操作方法。

选择【开始】选项卡，在【编辑】组中，单击【查找】按钮，弹出【查找】对话框，如图 16-10 所示，在【查找内容】下拉列表框中输入查找的内容，如"力"，单击【查找下一个】按钮。在幻灯片中可以看到查找的"力"，返回【查找】对话框，单击【替换】按钮，如图 16-11 所示。弹出【替换】对话框，在【替换为】下拉列表框中输入准备替换的文本，如"量"单击，【全部替换】按钮，单击【确定】按钮，返回【替换】对话框，单击【关闭】按钮，完成查找与替换的操作。

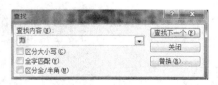

图 16-10　查找文本

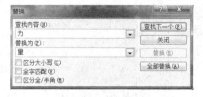

图 16-11　替换文本

5. 插入符号和特殊符号

在编辑幻灯片的过程中，用户常常还需要插入一些符号或特殊符号来配合文本的说明，而一些符号内容是不能直接通过键盘输入来完成的，此时运用符号功能，来插入所需的符号内容，下面具体介绍其操作方法。

选择鼠标定位光标到放置内容的占位符中，选择【插入】选项卡，单击【符号】组中的【符号】按钮。弹出【符号】对话框，如图 16-12 所示。选择准备插入的符号，操作完成。

图 16-12　插入符号对话框

6. 设置字体、字号

在编辑 PowerPoint 2010 时，经常需要对字体格式进行设置，其中包括字体、字号等操作，下面将详细介绍设置字体格式方面的知识。

字体可以使演示文稿在可读性和感染力方面有很多差别，因此设置字体与字号非常重要，下面介绍设置字体、字号的操作方法。

选中准备设置字体的文本，在菜单栏中，选择【开始】选项卡，在【字体】组中，单击展开【字体】下拉按钮，选择准备使用的字体，如图 16-13 所示。选中准备设置字号的文本，在菜单栏中，选择【开始】选项卡，在【字体】组中，单击展开【字号】下拉按钮选择准备使用的字号，通过以上步骤即可完成设置字体、字号的设置。

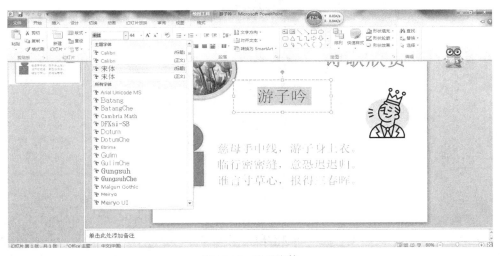

图 16-13　设置字体

7. 设置字体颜色、字符间距

在 PowerPoint 2010 中，还可以根据需要，对字体颜色和字间距进行设置，下面详细介绍其操作方法。

（1）设置字体颜色。选中准备设置字体颜色的文本，在菜单栏中，选择【开始】选项卡，在【字体】组中，单击展开【字体颜色】下拉按钮，选择使用的字体颜色，如图16-14所示，通过以上操作即可完成设置字体颜色的操作。

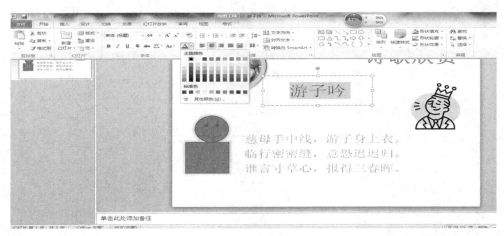

图16-14　设置字体颜色

（2）设置字符间距。选中准备设置字符间距的文本，在菜单栏中，选择【开始】选项卡，在【字体】组中，单击展开【字符间距】下拉按钮，在弹出的下拉表中选择【很松】选项，如图16-15所示，通过以上步骤即可完成设置字符间距的操作。

图16-15　设置字符间距

8. 设置段落格式

在编辑PowerPoint 2010时，经常需要对段落格式进行设置，其中包括设置段落对齐、设置段落缩进、设置行距、设置段落间距、设置文字方向等操作，对文档起到美化的作用，下面将详细设置段落格式方面的知识。

（1）设置段落对齐。在PowerPoint 2010中，可以对段落进行左对齐、居中、右对齐、两端对齐和分散对齐等操作。

选中准备设置段落对齐的文本，在菜单栏中，选择【开始】选项卡，在【段落】组中，单击【居中】按钮，通过以上步骤完成设置段落对齐的操作。

（2）设置段落缩进。在 PowerPoint 2010 中，还可以根据需要设置段落缩进的操作，下面以设置首行缩进为例，详细介绍设置段落缩进的操作方法。

选中准备设置段落缩进的文本，在菜单栏中，选择【开始】选项卡，在【段落】组中，单击【段落】启动器按钮，在【缩进】区域中，单击展开【特殊格式】下拉按钮，在弹出的快捷菜单中，选中【首行缩进】选项，单击【确定】按钮，完成设置段落缩进的操作。

二、实验目的

（1）输入文字、编辑文字。
（2）使用艺术字。
（3）幻灯片的页眉设置。
（4）更改字体格式。
（5）设置段落。
（6）添加项目符号和编号。

三、实验内容及步骤

【实验 16.1】制作"诗歌"内容的演示文稿。

【实验内容】

（1）在幻灯片中添加文字。
（2）编辑文本框。
（3）应用艺术字。
（4）以指定名称"诗歌"保存到指定目录。

【实验步骤】

1．输入诗歌标题文本内容

（1）启动 PowerPoint 2010 进入【演示文稿】。
（2）单击标题占位符，在其中输入诗歌的标题文本内容，如图 16-16 所示。

图 16-16　输入标题文本

2．输入诗歌内容

（1）选择【插入】选项卡，单击【文本】组中的【文本框】按钮，在弹出的下拉列表框中选择【垂直文本框】选项，如图 16-17 所示。

图 16-17　设置垂直文本框

（2）此时，鼠标呈十字状，单击并拖动鼠标在幻灯片中绘制文本框，绘制完成后释放鼠标。

（3）在绘制的竖排文本框中输入诗词相关内容，输入完后，用户还可以拖动调整文本框的位置和大小，使其达到更好的效果，如图 16-18 所示。

图 16-18　文本框输入文本

3．插入艺术字

（1）选择【插入】选项卡，在弹出的【文本】组中单击【艺术字】按钮，在弹出的艺术字库中选择准备使用的艺术字。

（2）插入默认文字内容为【请在此放置您的文字】，用户选择合适的输入法，向其中输入准备插入的艺术字的内容，如图 16-19 所示。

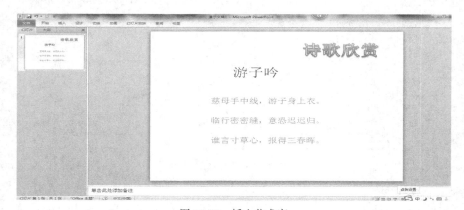

图 16-19　插入艺术字

4．保存演示文稿

选择【文件】/【保存】菜单命令，保存当前文稿。

【实验 16.2】制作"海报设计宣传"演示文稿。

【实验内容】

（1）第一页为幻灯片封面。

（2）第二页为宣传策略。

（3）第三页为宣传要点。

（4）第四页为结束页。

（5）以指定名称"海报设计宣传"保存到指定目录 d:\。

【实验步骤】

（1）制作第一张幻灯片，主标题为"魅力海报设计社"，字体为华文彩云，字号为 54，字型【加粗】，副标题字体为楷体，字号为 28，设置行距 25 磅。

① 启动 PowerPoint 2010 应用程序，打开一个空白演示文稿。

② 单击【文件】按钮，从弹出的【文件】菜单中选择【新建】命令，然后在中间【Office.com 模板】窗格的列表框中选择【幻灯片背景】选项中的【天文和太空】选项。

③ 选择要使用的模板单击【下载】按钮，如图 16-20 所示。

图 16-20　下载模板

④ 此时即可新建一个基于模板的演示文稿，在快速访问工具栏中单击【保存】按钮，将其以【海报设计宣传】为文件名保存。

⑤ 在【单击此处添加标题】占位符中输入文字"魅力海报设计室"；在【单击此处添加副标题】占位符中输入 2 行文字。

⑥ 右击"魅力海报设计室"在弹出的快捷菜单中选择【字体】命令，在【字体】对话框中进行相应设置，如图 16-21 所示。

图 16-21　【字体】对话框

⑦ 选中【单击此处添加副标题】文本占位符，在【开始】选项卡中设置字体，如图 16-22 所示。

图 16-22　设置字体

⑧ 选中【单击此处添加副标题】文本占位符，在【开始】选项卡的【段落】组中，单击【行距】按钮 ↕≡ ▾ 右侧的下拉箭头，在弹出的菜单中选择【行距选项】命令，打开【段落】对话框，如图 16-23 所示。

图 16-23　【段落】对话框

⑨ 在【间距】选项区域的【行距】下拉列表中选择【固定值】选项，在【设置值】文本框中输入数字"25 磅"，单击【确定】按钮，完成行间距的设置。

（2）制作第 2 张幻灯片，设置【项目符号】。

① 在【开始】选项卡的【幻灯片】组中单击【新建幻灯片】按钮，添加一张空白幻灯片。

② 在【单击此处添加标题】文本占位符中输入"剔除四化"，设置标题字体为【幼圆】，字号为 44，字形为【加粗】，字体效果为【阴影】；在【单击此处添加文本】文本占位符中输入文本内容，设置其字体为【华文楷体】，字号为 36。

③ 选中【单击此处添加文本】文本占位符，在【段落】组中单击【项目符号】按钮右侧的箭头，在弹出的菜单中选择【项目符号和编号】命令，打开【项目符号和编号】对话框，如图 16-24 所示。

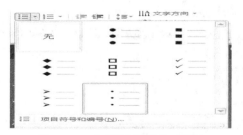

图 16-24　【项目和编号】对话框

④ 单击【自定义】按钮，打开【符号】对话框，选择所需的符号样式，单击【确定】按钮。

⑤ 返回至【项目符号和编号】对话框，单击【颜色】按钮，在弹出的颜色面板中选择【深红】色块，单击【确定】按钮，如图 16-25 所示。

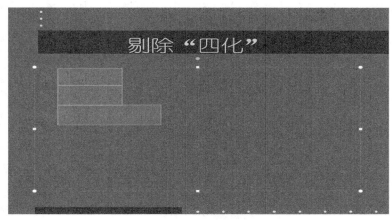

图 16-25　设置字的颜色

（3）制作第 3 张幻灯片，设置【项目编号】。

① 在【开始】选项卡的【幻灯片】组中单击【新建幻灯片】按钮，添加一张空白幻灯片。

② 幻灯片两个文本占位符中输入文字。设置标题文字字体为【华文琥珀】，字号为 54；设置【单击此处添加文本】占位符中的文本，字号为 28，拖动占位符的右边框，缩小该占位符大小，如图 16-26 所示。

图 16-26　设置字体

③ 选中文本占位符，在【段落】组中单击【编号】按钮右侧的箭头，在弹出的菜单中选择【项目符号和编号】对话框。

④ 打开【编号】选项卡，选择一种项目符号样式，单击【颜色】按钮，在弹出的颜色面板中选择【深色】色板，单击【确定】按钮，为占位符的文本添加编号，如图 16-27 所示。

图 16-27　编号对话框

（4）添加第4张幻灯片

① 选择【空白】板式。

② 选择【插入】/【艺术字】命令，插入艺术字"谢谢！"，如图16-28所示。

图16-28　第4张幻灯片的样图

（5）保存演示文稿

单击【文件】按钮，选择【文件】菜单中的【保存】命令，即可保存制作好的【海报设计宣传】演示文稿，如图16-29所示。

图16-29　"海报设计宣传"演示文稿样图

四、能力测试

1. 按如下要求建立演示文稿

（1）至少有6张幻灯片，主要为介绍自己的家乡，结果以P1.ppt保存到"我的文档"中。

（2）幻灯片的编辑：第1张为标题，背景图片、字体参数自定。第2张幻灯片以文字形式介绍家乡的总体情况。第3张幻灯片采用表格样式，介绍家乡旅游景点的概况。第4张和第5张幻灯片为2个具体景点的介绍

（3）幻灯片的格式化：第1张为【标题和文本】样式，第2张为【标题、文本】样式，第3张为【标题和表格】样式，其他幻灯片的样式随意。

2. 制作简历，内容设计要求如下

（1）第1页为封面，字体设置为华文新魏，字号为48，加粗。

（2）第2页用表格显示自己的基本情况。

（3）第3页为简历简介。

（4）第4页为大学所修课程情况。

（5）第5页为获奖情况。

（6）第6页为特长及工作意向。

（7）第7页为结束页。

其中的设计版式自定。

实验 17

PowerPoint 2010 演示文稿的动画设计及放映

一、预备知识

1. 使用图片

本节主要介绍了插入图片、设置声音和插入影片方面的知识与技巧，同时还介绍了使用控件插入多媒体对象的操作。通过本节的学习，可以掌握使用媒体和剪辑方面的知识。

（1）插入图片。在编辑演示文稿的过程中，可以在其中插入图片，使演示文稿更加生动，下面介绍插入图片的操作方法。

第一步：在菜单栏中，选择【插入】选项卡，在【图像】组中，单击【图片】按钮[图标]。

第二步：打开图片的保存位置，选择准备使用的图片，单击【插入】按钮，如图 17-1 所示。

图 17-1　图片对话框

第三步：图片已经插入到演示文稿中，通过以上步骤即可完成插入图片的操作。

（2）应用图片样式。在 PowerPoint 2010 中添加图片后，可以对图片样式进行设置，包括图片的形状、边框和立体效果，下面详细介绍应用图片样式的操作。

第一步：在幻灯片编辑区选择图片，在菜单栏中，选择【格式】选项卡，在【图片格式】组中，单击【其他】按钮，如图 17-2 所示。

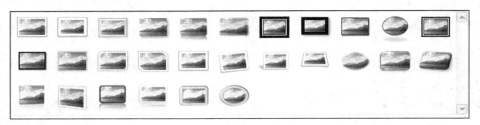

图 17-2 图片格式对话框

第二步：在弹出的列表中，选择准备应用的图片样式，图片样式显示在幻灯片中，通过以上步骤即可完成应用图片样式的操作，如图 17-3 所示。

图 17-3 设置的图片样图

（3）裁剪图片。裁剪图片的功能是将图片中不需要的部分隐藏，从而使设计者可以更加便捷的编排幻灯片的结构，下面详细介绍剪裁图片的操作方法。

第一步：在幻灯片编辑区选择图片，在菜单栏中，选择【格式】选项卡，在【大小】组中，单击【启动器】按钮，弹出如图 17-4 所示对话框。

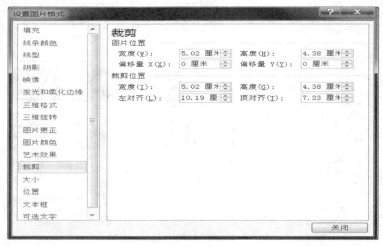

图 17-4 【设置图片格式】对话框

第二步：在对话框左侧，选择【裁剪】选项，在【裁剪】区域，设置参数，单击【关闭】按钮。通过以上步骤即可完成裁剪图片的操作。

（4）插入剪贴画。在 PowerPoint 2010 中，可以在带有或不带有内容占位符的幻灯片中插入剪贴画，下面详细介绍插入剪贴画的操作方法。

第一步：选择准备插入剪贴画的幻灯片，在菜单栏中选择【插入】，在【图像】组中单击【剪贴画】按钮，弹出如图 17-5 所示对话框。

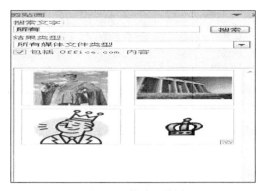

图 17-5　剪贴画样图

第二步：在【搜索文字】文本框中，输入准备搜索的剪贴画，单击【搜索】按钮，在列表中，显示搜索的剪贴画，单击展开下拉按钮，在弹出的下拉列表中，选择【插入】选项，通过以上步骤即可完成插入剪贴画的操作，如图 17-6 所示。

图 17-6　插入剪贴画样图

（5）查看剪贴画的属性。在 PowerPoint 2010 中，还可以对剪贴画的属性进行查看，从而全面地了解剪贴画的信息，下面详细介绍查看剪贴画属性的操作方法。

第一步：单击【展开剪贴画】下拉按钮，在弹出的列表中，选择【预览/属性】选项，如图 17-7 所示。

第二步：在【预览/属性】对话框中，显示剪贴画各项参数，通过以上步骤即可完成查看剪贴画属性的操作。

图 17-7　查看剪贴画属性

2．绘制形状

（1）绘制笑脸。PowerPoint 2010 中提供的形状分类包括线条、矩形、基本形状、箭头总汇、公式形状、流程图、星与旗帜和标注等，下面以绘制"笑脸"为例，详细介绍绘制形状的操作。

第一步：在菜单栏中，选择【插入】选项卡，在【插图】组中，单击展开【形状】下拉按钮。在弹出的下拉列表中，选择"笑脸"形状，如图 17-8 所示。

第二步：移动鼠标指针到幻灯片编辑区，单击并拖动鼠标左键，即可绘制一个"笑脸"形状，通过以上步骤即可完成操作，如图 17-9 所示。

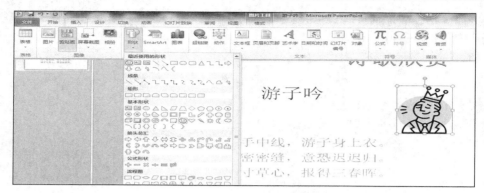

图 17-8　添加形状

图 17-9　笑脸样图

（2）设置形状大小和位置。在演示文稿中，插入形状以后，还可以根据需要对形状进行大小和位置的设置，使演示文稿更加的完美，下面介绍其操作方法。

第一步：选中准备调整的形状，在菜单栏中，选择【格式】选项卡，在【大小】组中，单击【启动器】按钮，如图 17-10 所示。

图 17-10　【设置形状格式】对话框

图 17-11　设置形状大小和位置

第二步：在对话框左侧，选择【大小】选项，在【大小】区域，在【高度】和【宽度】文本框中设置参数。

第三步：在对话框左侧，选择【位置】选项，在【位置】区域，在【水平】和【垂直】文本框中，设置参数，如图 17-11 所示。单击【关闭】按钮。返回到幻灯片编辑区可以看到形状大小和位置发生改变，通过以上步骤即可完成操作。

（3）组合图片或形状。组合是把两个以上的图形组合成一个图形，如果图形间有相交部分，则会减去相交部分，下面详细介绍组合图片或形状的操作方法。

第一步：使用鼠标右键单击准备组合的多张图片，在弹出的快捷菜单中，选择【组合】选项，在子菜单中，选择【组合】选项，如图 17-12 所示。

图 17-12　设置组合图片

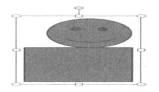

图 17-13　组合图片样图

第二步：通过以上步骤即可组合图片或形状组合起来，如图 17-13 所示。

（4）设置形状效果。在 PowerPoint 2010 中，设置形状效果包括设置形状的阴影、映像、发光和柔化边缘等操作，下面介绍设置形状效果的操作方法。

第一步：选中准备设置形状效果的形状，在菜单栏中，选中【格式】选项卡，在【形状样式】组中，单击展开【形状效果】下拉按钮，如图 17-14 所示。

图 17-14　设置形状效果

第二步：在弹出的下拉列表中，选择【映像】选项，在子菜单中，选择准备应用的形状效果，如图 17-15 所示，通过以上步骤即可完成设置形状效果的操作。

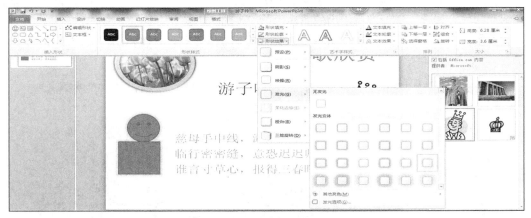

图 17-15　效果样图

二、实验目的

（1）掌握 PowerPoint 的放映方式。

（2）熟悉 PowerPoint 演示文稿中幻灯片的自定义动画设置。

（3）掌握幻灯片的超链接技术。

（4）能熟练的在幻灯片中插入图片、声音对象，并能正确设置其属性。

（5）了解演示文稿母版的制作流程。

（6）熟悉母版的创建，能熟练设计、编辑母版样式和外观。

（7）能熟练地把设计模板应用到演示文稿中。

三、实验内容及步骤

【实验 17.1】为【实验 16.2】制作的"海报设计宣传"演示文稿添加动画、声音等效果

【实验内容】

（1）添加背景图片。

（2）设置动画效果。

（3）添加自定义动画。

（4）插入超链接。

（5）设置动作按钮。

（6）插入声音。

（7）插入页眉和页脚。

（8）设置幻灯片的放映方式。

（9）将演示文稿以讲义的形式打印出来。

【实验步骤】

1. 为标题幻灯片插入一张风景作为背景

（1）启动 PowerPoint 2010，选择【文件】|【打开】菜单命令，从【打开】对话框中找到 d盘，选中"海报设计宣传.ppt"单击【打开】按钮，打开实验 16 所制作的演示文稿。

（2）选择【插入】选项卡，在【图像】组中单击【图片】按钮，弹出【插入图片】对话框，选择图片的保存位置，选择准备使用的图片，单击【插入】按钮。

（3）右击图片，在弹出的快捷菜单中选择【置于底层】命令，插入图片的幻灯片如图 17-16所示。

图 17-16　插入图片样图

2. 为第 2 张幻灯片设置动画效果为【淡出】

（1）打开第 2 张幻灯片，选中准备设置动画方案对象，选择【动画】选项卡，在【动画】组中单击【动画样式】按钮。

（2）展开【动画样式】列表框，在其中显示 PowerPoint 2010 中全部的预设动画方案，在其中选择准备应用的动画方案，【淡出】效果，如图 17-17 所示。

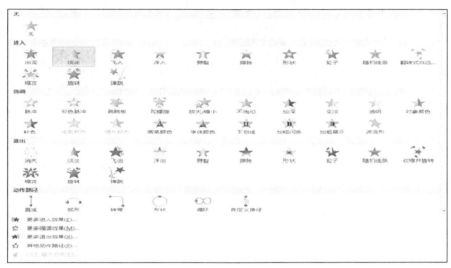

图 17-17　设置动画样式

3. 为第 3 张幻灯片设置退出时的动画效果

打开第 3 张幻灯片，选中文本部分，选择【动画】/【更多退出效果】，如图 17-18 所示。

4. 把第 2 张幻灯片中的"表面化"文本超链接到对应演示文稿的页眉

（1）定位到第 2 张幻灯片，选择文字"表面化"，单击【插入】|【超链接】菜单命令，打开【编辑超链接】对话框，如图 17-19 所示。

图 17-18　设置退出效果

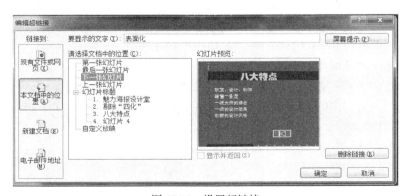

图 17-19　设置超链接

（2）在【请选择文档中的位置】栏中选择【下一张幻灯片】，单击【确定】按钮完成超链接设置，如图17-20所示。

图17-20　超链接样图

5. 为幻灯片设置动画动作按钮，方便用户"跳跃式"观看。

（1）选择第3张幻灯片，选择【插入】选项卡，在【插图】组中单击【形状】下拉按钮，如图17-21所示。

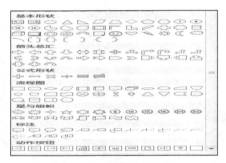

图17-21　设置动画按钮

（2）在展开的【形状】列表中选择准备添加的动作按钮，返回到幻灯片编辑区中，单击并拖动鼠标，进行绘制动作按钮。

（3）弹出【动画设置】对话框，选择【单击鼠标】选项卡，选择【超链接到】单选按钮，单击下拉列表按钮，在弹出的下拉列表中选择准备超链接到的项目【下一张幻灯片】选项，单击【确定】按钮。

（4）重复前3步，为其他幻灯片建立动作按钮。

6. 在第4张幻灯片中插入声音

（1）定位到第4张幻灯片，选择【插入】|【媒体】|【音频】|【剪切画音频】命令，打开【插入声音】对话框，选择喜欢的声音文件，如图17-22所示。

（2）单击【确定】按钮，插入声音文件到当前幻灯片中（幻灯片中出现 图标）完成操作。

图17-22　声音文件

7. 插入页眉和页脚

（1）为每张幻灯片添加页脚，显示时间和日期，并在除标题幻灯片的其他幻灯片中添加编号。

（2）选择【插入】|【日期和时间】菜单命令，打开【页眉和页脚】对话框，设置参数如图 17-23 所示

（3）单击【全部应用】按钮，完成设置。

图 17-23 【页眉和页脚】对话框

8. 幻灯片放映方式

选择【幻灯片放映】|【设置放映方式】菜单命令，打开【设置幻灯片放映方式】对话框，设置放映参数如图 17-24 所示。

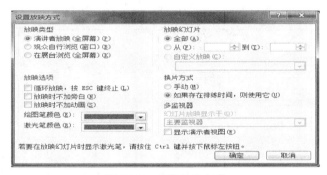

图 17-24 设置放映方式

9. 设置打印预览

选择【文件】|【打印】选项，在窗口右侧的打印预览区即可看到准备打印的演示文稿，单击【下一步】按钮，打印预览区会显示下一张幻灯片内容，通过以上步骤即可完成打印预览的操作。

【实验 17.2】制作【个性化的设计模板】

【实验内容】

（1）为标题母版设计背景。

（2）为幻灯片母版设置样式。

（3）为标题母版设置样式。

（4）保存设计模板。

【实验步骤】

1. 为标题母版设计指定图片作为背景

（1）启动 PowerPoint，新建一个演示文稿。

（2）选择【视图】|【模板视图】|【幻灯片母版】按钮，切换到幻灯片母版视图方式，选择【幻

灯片母版】|【编辑母版】|【插入幻灯片母版】按钮，如图 17-25 所示。

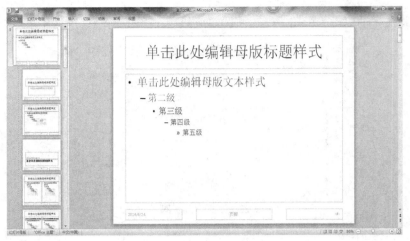

图 17-25　建立幻灯片母版

（3）右击【单击此处编辑母版标题样式】，在弹出的快捷菜单中选择【字体】命令，在弹出的【字体】对话框中设置字体、字号、字形、颜色等参数，如图 17-26 所示。

图 17-26　设置字体

（4）参照步骤（3），设置母版文本样式以及【第二级、第三级……】文本样式。选择【单击此处编辑母版文本样式】和【第二级、第三级……】，单击【开始】|【项目符号和编号】按钮，选择一种项目符号样式，如图 17-27 所示。

图 17-27　设置母版文本样式

（5）选择【插入】/【图片】按钮，在弹出的【插入图片】对话框中选择指定图片并单击【插入】按钮，将其插入到母版中，并调整合适的大小。

（6）右击图片，在弹出的快捷菜单中选择【置于底层】|【置于底层】命令，如图 17-28 所示。

图 17-28　背景图片的设置

2．为幻灯片母版设置样式（包含标题样式、文本、日期/时间区、页脚和数字区）

选择【插入】|【页眉和页脚】按钮，在弹出的【页眉和页脚】对话框设置幻灯片母版下面的日期区、页脚区和数字区，如图 17-29 所示。

图 17-29　幻灯片母版

3．为标题母版设置样式（包含主题和副标题）

（1）在左侧列表中单击要更改的母版。

（2）删除标题母版的图片，插入新的背景图片，删除下面的日期区和数字区。

（3）设置标题母版的标题样式，字体为楷体-GB2312，字号为 40，加粗，蓝色。

（4）设置副标题样式，字体为黑体，字号为 32，蓝色，设置完成。

4．保存文件到 D 盘，命名为 "my.pot"

选择【文件】|【保存】菜单，打开【另存为】对话框，选择 D 盘，文件名为 "my.pot"。

四、能力测试

1. 打开文件 P1. ppt ，要求：

（1）利用【自定义动画】命令设置不同的动画效果。

（2）为第 2 张幻灯片作首页，添加 2 个动作按钮，依次超链接到幻灯片 4、5。

（3）在第 4、5 张幻灯片中添加动作按钮，单击此按钮返回第 2 张幻灯片。

（4）在第 2 张幻灯片中添加背景音乐。

（5）设置演示文稿的放映方式。

2. 设置母版，要求：

（1）设计标题母版，设置背景、标题和副标题。

（2）为幻灯片母版设置样式（包含标题样式、文本样式、日期/时间区、页脚和数字区）

（3）保存设计模板到目录 D:\，命名为 "second.pot"。

（4）在 P1. ppt 演示文稿上应用 second.pot 设计。

*实验 18
WPS 2010 演示文稿的制作与应用

一、预备知识

1. WPS 2010 简介

WPS 是金山公司 WPS Office 2010 的组件之一。它采用 Windows XP 风格的用户界面，并全面支持最新的 Windows Vista 系统，WPS 演示支持更多的动画效果及完全兼容 Microsoft 的 PowerPoint 动画，在对多媒体支持上也得到了改进，它与 Microsoft Windows Media Player 的完美集成，允许用户在幻灯片中播放音频和视频流。更由于操作简单、免培训，使用户查看和创建演示文稿更加轻松容易。下面，我们来了解 WPS 演示的功能界面，然后介绍软件的主要功能及基本操作。

WPS 演示初始界面如图 18-1 所示。应当说同 WPS 文字的【首页】差不多，在【首页】中有标题栏、主菜单栏、常用工具栏、文字工具栏、供调用的各式各样的演示模板以及【建立空白文件】的按钮等。

图 18-1　WPS 演示首页

当不需要调用模板时，可在首页中单击屏幕第三行最左边的【新建空白文档】按钮，或单击屏幕右边的　　按钮，进入 WPS 演示空白编辑界面，如图 18-2 所示。

图 18-2　WPS 演示初始界面

该窗口包括标题栏、菜单栏、工具栏、目录区、幻灯片编辑区和任务窗格区。

（1）标题栏。主界面的顶端就是标题栏，如图 18-3 所示。

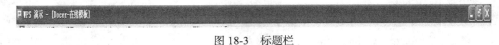

图 18-3　标题栏

（2）菜单栏。提供了 WPS 演示中所有的功能选项，如图 18-4 所示。

图 18-4　菜单栏

（3）工具栏。WPS 演示将常用命令按功能类别集中在工具栏中。默认（通常）情况下窗口会出现【常用】和【格式】工具栏。如果想其他工具栏出现在窗口中，选择菜单【视图/工具栏】单击所需工具栏名称即可，如图 18-5 所示。

图 18-5　工具栏

（4）任务窗格区。任务窗格是 WPS 演示新增的一个操作栏，包括【新建演示文稿】、【剪贴画】、【幻灯片版式】、【幻灯片设计】、【自定义动画】、【幻灯片切换】等 9 个任务窗格。

（5）幻灯片编辑区。是编辑修改幻灯片的窗口，单独显示一张幻灯片的效果。

（6）目录区。目录区显示的是演示文稿的幻灯片缩略图。分 1 副、2 副、3 副……依次摆放为表演时做好准备。

2．WPS 演示的新增功能

（1）新增了【排练计时】。利用该功能，演示者能预测精确到秒的整个演示文稿和单张幻灯片的播放时间。操作方法如下。

步骤 1：打开已制作完成的演示文稿，选择【幻灯片放映】菜单的【排练计时】命令，进入放映状态。

步骤 2：依次放映每张幻灯片。在幻灯片放映结束时，系统会弹出提示【幻灯片放映共需时间****，是否保留新的幻灯片排练时间？单击【是】按钮保留上次排练时间。

（2）动画播放音效。自定义动画设定中增加了声音功能，利用该功能演讲者可以在幻灯片中插入如鼓掌、锤打、爆炸等音响效果，以及其他的各种自定义音效。

（3）插入多媒体文件。新版本中增加了支持背景音乐和 Flash 文件插入功能。

（4）使用荧光笔。新版本增加了【荧光笔】功能，用户利用该功能可以在幻灯片播放时，使用【荧光笔】在页面上进行勾划、圈点，对幻灯片的详细讲解起到了更好的帮助，播放幻灯时，将光标移动到画面左下角便可选用该功能。

（5）双屏播放。双屏播放模式是指在选择【演讲者放映模式】后，演示者播放幻灯片时，可在一台显示屏上运行演示稿，而让观众在另一台显示屏上观看的演示模式，双屏播放的前提是你的计算机已经接入两台（或以上）显示设备。

二、实验目的

（1）掌握 WPS 演示文稿的启动和退出。
（2）掌握演示文稿的新建、保存、打开等基本文件操作。
（3）熟悉幻灯片的各种形式内容的添加和编辑。
（4）熟悉幻灯片的动画效果和播放方式。

三、实验内容及步骤

【实验 18.1】WPS 新建空白演示文稿

【实验内容】

建立新的演示文稿

【实验步骤】

（1）执行【文件】|【新建】命令，在主窗口的右侧出现【新建演示文稿】任务窗格，如图 18-6 所示。

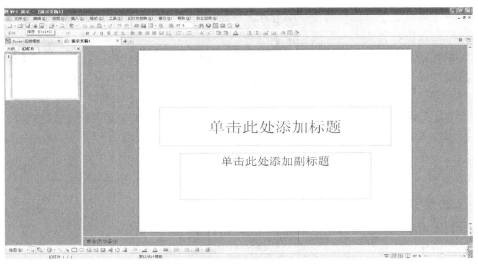

图 18-6   【新建演示文稿】任务窗格

（2）选择【新建演示文稿】任务窗格中【新建】选项区域的【空演示文稿】选项，任务窗格切换为【幻灯片版式】任务窗格，执行【插入】|【幻灯片】命令插入新的幻灯片。

【实验 18.2】幻灯片中文本的编辑

【实验内容】

在幻灯片中添加基本的文字内容。

【实验步骤】

（1）启动 WPS 演示，在默认的状况下 WPS 演示会自动创建一页空白的幻灯片。分别单击两个【标题文本占位符】，输入主、副标题，并选中主题文字（计算机基础教案），单击格式工具栏的【加粗】按钮 B ，修改字体粗细，如图 18-7 所示。

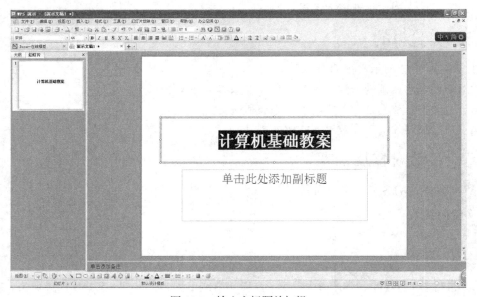

图 18-7　输入主标题并加粗

（2）在【插入】工具栏单击【新幻灯片】按钮，将自动插入一页【标题和文本的幻灯片】。分别单击标题占位符和文本占位符，输入内容。

（3）用鼠标选中需要更改字体和字号的文本，在格式工具栏中单击【字体】和【字号】右侧的下拉按钮，可进行字体和字号的编辑。单击 Tab 键可以调整当前的段落或鼠标选中的段落的级别，执行 Shift+Tab 组合键可以退回上一级别。

（4）使用新增的 OLE 拖放功能，可以在演示文稿中选择某一段文字，直接拖到 WPS 表格或者 WPS 文字中。如果想保留演示文稿中的原文字，光标放到当前幻灯片，按一下 Ctrl+Z 组合键即可。

【实验 18.3】幻灯片中表格的编辑

【实验内容】

（1）创建表格。

（2）表格样式功能。

【实验步骤】

1. 创建表格

（1）单击幻灯片的任意空白处，然后在【工具栏】上选择【插入/表格】命令，在弹出对话框中键入所需表格的【行】和【列】数。然后单击【确定】按钮，产生一个空白表格。

（2）调整表格各行、列间距，在输入文字后，就得到一张含有表格的幻灯片，如图 18-8 所示。

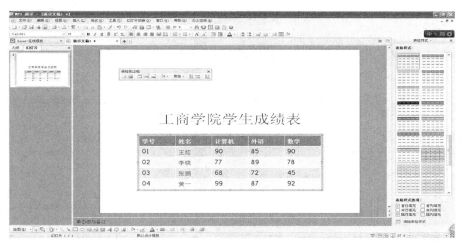

图 18-8　幻灯片创建的表格

2．表格样式功能

单击【工具栏】上的【表格样式】按钮 ，任务窗口中会弹出色彩风格分为淡、中、深三大类的表格样式模板。单击欲填充的表格，再单击表格样式模板，可完成表格填充。利用任务窗格下部的【表格样式选项】，还可以对表格的特定行、列进行单独调整，如图 18-9 所示。

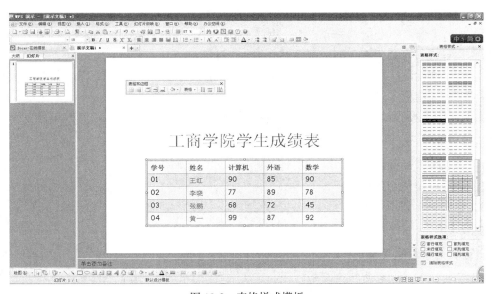

图 18-9　表格样式模板

【实验 18.4】设置幻灯片的主题外观

【实验内容】

（1）设置幻灯片版式。

（2）设计演示文稿的主题背景。

【实验步骤】

1. 设置幻灯片版式

（1）启动 WPS 演示，在首页中单击屏幕第三行最左边的【新建空白文档】按钮，进入 WPS 演示空白编辑演示文稿。

（2）执行【插入/新幻灯片】命令，窗口中出现【幻灯片版式】任务窗格，默认情况下，新插入的第 2 张幻灯片将自动应用【标题和文本】版式，如图 18-10 所示。

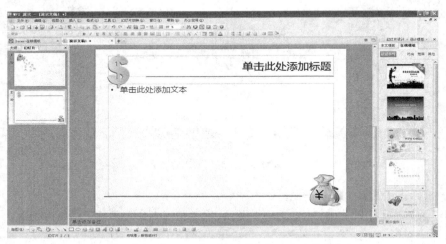

图 18-10 【标题和文本】版式和【幻灯片版式】任务窗格

2. 设计演示文稿的主题背景

（1）执行【格式/幻灯片设计】命令，出现【幻灯片设计】任务窗格，选择【设计模板】选项，在【应用设计模板】列表框中列出了可以应用的设计模板。

（2）在【应用设计模板】列表框中查找适合主题的设计模板，单击【商务-公务】即可将该设计模板应用到所有的幻灯片中。

【实验 18.5】设置幻灯片的动画效果和播放方式

【实验内容】

（1）设置进入动画效果。

（2）设置强调动画效果。

（3）设置退出动画效果。

【实验步骤】

1. 设置进入动画效果

（1）新建一张【标题版式】的幻灯片，设置模板如【艺术-齿轮】，设置配色方案如浅蓝色。

（2）输入标题和副标题文本，设置字号、字体颜色与阴影样式。

（3）执行菜单【插入/新幻灯片】，选择【标题和文本】版式，输入文本。然后在幻灯片的编辑区的备注区可为该页幻灯片添加备注。选中幻灯片编辑区下面的边框，按住鼠标左键拖动，可调整备注区边框宽度。

（4）单击任务窗格，选择【剪贴画】窗格，在【类别】栏的预览框中双击选择【人物】。

（5）编入一张新空白幻灯片，其中插入文本框并输入文本。

（6）选择菜单【幻灯片放映/动画方案】，这时任务窗格切换到【动画方案】任务窗格，在任务栏的动画方案列表中，单击其中一种动画方案。

（7）选中第一页幻灯片的标题文本占位符，单击鼠标右键，选择【自定义动画】。单击【添加效果】按钮 添加效果 ，选择【进入/其他效果/升起】。在【开始】选项【 之后 】然后在【速度】选项中选择【中速】。

2．设置强调动画效果

（1）在普通视图中切换到要设置的幻灯片，执行【幻灯片放映/自定义动画】命令，显示【自定义动画】任务窗格。

（2）移动鼠标指针到标题占位符中，单击标题文本的任意位置，显示出标题占位符。

（3）单击【自定义动画】任务窗格的【添加效果】，选择【强调/其他效果/彩色延伸】。

（4）在下拉列表框中选择【效果选项】命令，打开【色彩延伸】对话框，如图 18-11 所示。

图 18-11　色彩延伸对话框

（5）单击【设置】选项区的【颜色】右侧的下三角箭头，出现一个颜色列表框，在列表框中选择【红色】选项。

（6）在【增强】选项区域单击【声音】右侧的下三角箭头，在列表框中选择播放音效，单击小喇叭按钮，可对声音大小进行设置。这是 WPS 演示 2010 中的一项新增功能。

（7）在【增强】选项区域单击【动画播放后】右侧的三角箭头，可对动画的动作进行设置，如图 18-12 所示，单击【动画文本】后的下拉列表则可设定文本动作，如图 18-13 所示。

图 18-12　设置【颜色延伸】播放效果

图 18-13　设置【彩色延伸】动画文本

3．设置退出动画效果

（1）选中要设置对象的占位符。单击【自定义动画】任务窗格的【添加效果】按钮，在下拉列表框中选择【退出】选项，出现一个子菜单。

（2）选择【其他效果】命令，打开【添加退出效果】对话框，选择一个效果。

（3）在【自定义动画】任务窗格中单击【退出】下拉列表的下三角箭头，在弹出的下拉列表中选择【计时】选项。

（4）在【速度】下拉框中选择速度、【重复】下拉框选择重复次数，然后单击【确定】按钮。

四、能力测试

根据 WPS 官网提供的基本素材制作一个简单、示意性的幻灯片——【奇妙的金箍棒】。

① 新建一个演示文稿，将背景设为黑色。

② 在【绘图工具栏】里的文本框，插入文本。

③ 【自定义动画】设置添加效果——强调-陀螺旋。

④ 文本框里对象的旋转角度改为"720度"。

⑤ 在【计时】标签后，依次将动画【开始】时间设置为【之前】，动作【速度】设置为【非常快（0.5秒）】，动画【重复】次数设置为【直到幻灯片末尾】后。

⑥ 将表演设置成【死循环】。

实验 19
PowerPoint 2010 综合测试

一、实验目的

（1）掌握幻灯片的制作。

（2）熟悉文字编排，图片对象的插入。

（3）掌握幻灯片版式的更改，设计模板的选用，页眉页脚的设置方法，母版的使用。

（4）幻灯片放映效果的设置及放映方式交互式演示文稿的创作。

二、实验内容

1. 毕业论文答辩讲演稿

2. 毕业论文答辩讲演稿要求

首先利用现有的 Word 文档"毕业论文.doc"创建 PowerPoint 演示文稿【毕业论文答辩演示讲稿"，然后再通过添加文本、添加动画效果等方法，逐步完善"毕业论文答辩演示讲稿"。如图 19-1 所示。

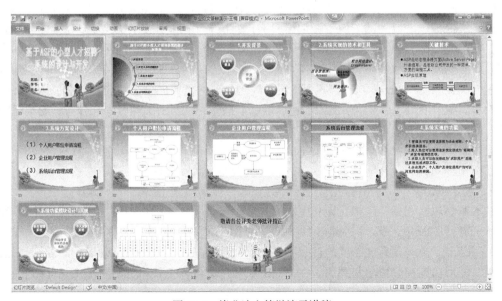

图 19-1　毕业论文答辩演示讲稿

Photoshop CS6 图像处理的基本操作

一、预备知识

1. 初识 Photoshop CS6

Photoshop CS6 是 Adobe 公司推出的最新版本图形图像处理软件，其功能强大、操作方便，是当今功能最强大、使用范围最广泛的平面图像处理软件之一。Photoshop CS6 以其良好的工作界面、强大的处理功能，以及完善的可扩展性，使其成为摄影师、专业美工人员、平面广告设计者、网页制作者、室内装饰设计者，以及广大电脑爱好者的必备工具。

学习使用 Photoshop CS6 之前，首先要对图像的基本概念和色彩模式有个基本的了解。然后认识 Photoshop CS6 工作界面的组成、文件的基本操作以及 Photoshop CS6 的辅助设置等。掌握这些基本知识，将有利于软件的整体了解和学习，为后面的学习打下良好的基础。

Photoshop CS6 的操作很方便，图像处理的功能强大，需要通过认真的学习和练习才能达到熟练操作的目的。例如，通过菜单命令可以调整图像的大小、移动图像、复制图像，以及裁剪和删除图像，并且可以控制图像的显示方式，还可以对图像应用变换、还原等操作，让用户可以灵活处理图像。在选区可以完成创建和编辑操作，使用户在图像中创建选区，通过选区命令获取部分图像选区，保护选区以外的图像不受编辑影响，使在编辑过程中任何操作都只对选区内的图像起作用。利用 Photoshop CS6 中"调整"子菜单中的各种颜色调整命令，可以对图像进行偏色矫正、反相处理、明暗度调整等操作。用户还可以通过对图像色彩与色调的调整，制作出使图像色彩更靓丽迷人的效果。在 Photoshop CS6 中图层的应用是非常重要的一个功能，主要包括图层的概念、图层面板、图层的创建、复制、删除、选择等基本操作，以及图层的对齐与分布、图层组的管理，以及图层混合模式的应用等。

通过对本节的学习能够掌握 Photoshop CS6 图像处理的基本操作，达到激发设计潜能、拥有勇于创新精神的目的，并能够把设计的方式方法应用于实际工作和生活中去。

2. 基本概念

基本概念包括亮度、色相、饱和度、对比度、颜色模式、图像类型、图像格式、分辨率。

（1）亮度（Brightness）：就是各种图像模式下的图形原色（如 RGB 图像的原色为 R、G、B 三种）明暗度。亮度就是明暗度的调整。例如：灰度模式，就是将白色到黑色间连续划分为 256 种色调，即由白到灰，再由灰到黑。在 RGB 模式中则代表各种原色的明暗度，即红、绿、蓝三原色的明暗度，例如：将红色加深就成为了深红色。

（2）色相（Hue）：色相就是从物体反射或透过物体传播的颜色。也就是说，色相就是色彩颜色，对色相的调整也就是在多种颜色之间的变化。在通常的使用中，色相是由颜色名称标识的。

例如：光由红、橙、黄、绿、青、蓝、紫 7 色组成，每一种颜色代表一种色相。

（3）饱和度（Saturation）：也可以称为彩度，是指颜色的强度或纯度。调整饱和度也就是调整图像彩度。将一个彩色图像降低饱和度为 0 时，就会变为一个灰色的图像；增加饱和度时就会增加其彩度。

（4）对比度（Contrast）：就是指不同颜色之间的差异。对比度越大，两种颜色之间的反差就越大，反之对比度越小，两种颜色之间的反差就越小，颜色越相近。例如：将一幅灰度的图像增加对比度后，会变得黑白鲜明，当对比度增加到极限时，则变成了一幅黑白两色的图像。反之，将图像对比度减到极限时，就成了灰度图像，看不出图像效果，只是一幅灰色的底图。

（5）颜色模式：Photoshop CS6 提供了多种颜色模式，这是作品能够在屏幕和印刷作品上成功表现的重要保障。这些颜色模式包括 RGB 模式、CMYK 模式、Bitmap（位图）模式、Grayscale（灰度）模式、Lab 模式、HSB 模式、Multichannel（多通道模式）、Duotone）双色调）模式、lndexde Clolr（索引色）模式等，每种颜色模式都有不同的色域，并且相互之间可以转换。

（6）图像格式。

① BMP（*.BMP；*.RLE）。BMP（Windows Bitmap）图像文件最早应用于微软公司推出的 Microsoft Windows 系统，是一种 Windows 标准的位图式图形文件格式，它支持 RGB、索引颜色、灰度和位图颜色模式，但不支持 Alpha 通道。

② TIFF（*.TIF）。TIFF（Tagged Image File Format，标记图像文件格式）格式便于在应用程序之间和计算机平台之间进行图像数据交换。因此，TIFF 格式应用非常广泛，可以在许多图像软件和平台之间转换，是一种灵活的位图图像格式。TIFF 格式支持 RGB、CMYK、Lab、IndexedColor、位图模式和灰度的颜色模式，并且在 RGB、CMYK 和灰度 3 种颜色模式中还支持使用通道（Channels）、图层（Layers）和路径（Paths）的功能，只要在 Save As 对话框中选中 Layers、Alpha Channels、Spot Colors 复选框即可。

③ PSD（*.PSD）。PSD 格式是使用 Adobe Photoshop 软件生成的图像模式，这种模式支持 Photoshop 中所有的图层、通道、参考线、注释和颜色模式的格式。在保存图像时，若图像中包含有层，则一般都用 Photoshop(PDS)格式保存。若要将具有图层的 PSD 格式图像保存成其他格式的图像，则在保存时会合并图层，即保存后的图像将不具有任何图层。PSD 格式在保存时会将文件压缩以减少占用磁盘空间，由于 PSD 格式所包含图像数据信息较多（如图层、通道、剪辑路径、参考线等），因此比其他格式的图像文件要大得多。但由于 PSD 文件保留所有原图像数据信息（如图层），因而修改起来较为方便，这是 PSD 格式的优越之处。

④ PCX（*.PCX）。PCX 图像格式最早是 Zsoft 公司的 PC PaintBrush（画笔图形软件所有支持的图像格式。PCX 格式与 BMP 格式一样支持 1～24 位的图像，并可以用 RLE 的压缩方式保存文件。PCX 格式还可以支持 RGB、索引颜色、灰度和位图的颜色模式，但不支持 Alpha 通道。

⑤ JPEG（*.JPE;*.JPG）。JPEG（Joint photographic Experts Group，联合图像专家组）格式的图像通常用于图像预览和一些超文本文档中（HTML 文档）。JPEG 格式的最大特色就是文件比较小，经过高倍率的压缩，是目前所有格式中压缩率最高的格式，但是 JPGE 格式在压缩保存的过程中会以失真方式丢掉一些数据，因而保存后的图像与原图有所差别，没有原图像的质量好，因此印刷品最好不要用此图像格式。

⑥ EPS（*.EPS）。EPS（Encapsulated PostScript）格式应用非常广泛，可以用于绘图或排版，是一种 PhostScript 格式。它的最大优点是可以在排版软件中以低分辨率预览，将插入的文件进行

编辑排版，而在打印或出胶片时则以高分辨率输出，做到工作效率与图像输出质量两不误。DPS 支持 Photoshop 中所有的颜色模式，但不支持 Alpha 通道，其中在位图模式下还可以支持透明。

⑦ GIF（*.GIF）。GIF 格式是 CompuServe 提供的一种图形格式，在通信传输时较为经济。它也可使用 LZW 压缩方式将文件压缩而不会太占磁盘空间，因此也是一种经过压缩的格式。这种格式可以支持位图、灰度和索引颜色的颜色模式。GIF 格式还可以广泛应用于因特网的 HTML 网页文档中，但它只能支持 8 位（256 色）的图像文件。

⑧ PNG（*.PNG）。PNG 格式是由 Netscape 公司开发出来的格式，可以用于网络图像，但它不同于 GIF 格式图像只能保存 256 色（8 位），PNG 格式可以保存 24 位（1670 万色）的真彩色图像，并且支持透明背景和消除锯齿边缘的功能，可以在不失真的情况下压缩保存图像。但由于 PNG 格式不完全支持所有浏览器，且所保存的文件也较大而影响下载速度，所以在网页中使用要比 GIF 格式少得多。但相信随着网络的发展和因特网传输速度的改善，PNG 格式将是未来网页中使用的一种标准图像格式。PNG 格式文件在 RGB 和灰度模式下支持 Alpha 通道，但在索引颜色和位图模式下不支持 Alpha 通道。

⑨ PDF（*.PDF）。PDF（Portable Document Format，可移植文档格式）格式是 Adobe 公司开发的用于 Windows、Mac OS、UNIX(R) 和 DOS 系统的一种电子出版软件的文档格式。

（7）分辨率：是指在单位长度内所含有的点（即像素）的多少。通常我们会将分辨率混淆，认为分辨率就是指图像分辨率，其实分辨率有很多种，可以分为以下几种类型。

① 图像分辨率。图像分辨率就是每英寸图像含有多少个点或像素，分辨率的单位为点/英寸（英文缩写为 dpi），例如 300dpi 就表示该图像每英寸含有 300 个点或像素。在 Photoshop 中也可以用 cm（厘米）为单位来计算分辨率。图像分辨率的默认单位是 dpi。在数字化图像中，分辨率的大小直接影响图像的品质。分辨率越高，图像越清晰，所产生的文件也就越大，在工作中所需的内存和 CPU 处理时间也就越多。所以在制作图像时，不同品质的图像需设置适当的分辨率，才能最经济有效地制作出作品。

② 设备分辨率。设备分辨率是指每单位输出长度所代表的点数和像素。它与图像分辨率不同，图像分辨率可以更改，而设备分辨率则不可以更改。如平时常见的计算机显示器、扫描仪和数字照相机这些设备，各自都有一个固定的分辨率。

③ 屏幕分辨率。屏幕分辨率又称为屏幕频率，是指打印灰度级图像或分色所用的网屏上每英寸的点数，它是用每英寸上有多少行来测量的。

④ 位分辨率。位（bits）分辨率也称位深，用来衡量每个像素存储的信息位数。这个分辨率决定在图像的每个像素中存放多少颜色信息。如一个 24 位的 RGB 图像，即表示其各原色 R、G、B 均值，因此每一个像素所存储的位数即为 24 位。

⑤ 输出分辨率。输出分辨率是指激光打印机等输出设备在输出图像的每英寸上所产生的点数。

（8）图像类型：在计算机中，图像是以数字方式来记录、处理和保存的，所以图像也可以说是数字化图像。图像类型大致可以分为以下两种：矢量式图像与位图式图像。这两种类型的图像各有特色，也各有优缺点，两者各自的优点恰好可以弥补对方的缺点。因此在绘图与图像处理的过程中，往往需将这两种类型的图像交叉运用，才能取长补短，使用户的作品更为完善。

二、实验目的

（1）了解 Photoshop CS6 的工作界面。

（2）熟练掌握 Photoshop CS6 的文件操作。

（3）重点掌握 Photoshop CS6 图像处理的基本操作。

三、实验内容及步骤

【实验 20.1】Photoshop CS6 的工作界面

【实验内容】

熟悉 Photoshop CS6 窗口界面的组成。

【实验步骤】

执行【开始】|【所有程序】|【Adobe Photoshop CS6】命令，或双击桌面上的![Ps]快捷图标，打开 Photoshop CS6 应用程序窗口，在它的工作界面中包含标题栏、菜单栏、工具箱、属性栏、控制面板和状态栏等内容，如图 20-1 所示。

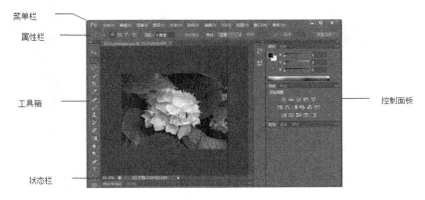

图 20-1　工作界面

1. 菜单栏

标题栏包含了 Photoshop CS6 中的所有命令，位于界面的顶端，由【文件】、【编辑】、【图像】、【图层】、【文字】、【选择】、【滤镜】、【视图】、【窗口】和【帮助】菜单项组成，每个菜单项内置了多个菜单命令，通过这些命令可以对图像进行各种编辑处理。有的菜单命令右侧有 ▶ 符号，表示该菜单命令还有子菜单。

【文件】菜单包括了各种文件操作命令；【编辑】菜单包括了各种编辑文件的操作命令；【图像】菜单包含了各种改变图像大小、颜色等的操作命令；【图层】菜单包含了各种调整图像中图层的操作命令；【文字】菜单包含了各种对文字的编辑和调整功能；【选择】菜单包含了各种关于选区的操作命令；【滤镜】菜单包含了各种添加滤镜效果的命令；【视图】菜单包含了各种视图进行设置的操作命令；【窗口】菜单包含了各种显示或隐藏控制面板的命令；【帮助】菜单包含了各种帮助信息。

2. 工具箱

默认状态下，Photoshop CS6 工具箱位于窗口左侧，工具箱是工具界面中最重要的面板，它几乎可以完成图像处理过程中的所有操作。用户可以将鼠标指针移动到工具箱的顶部，拖动工作界面的任意位置。

工具箱中部分工具按钮右下角带有黑色小三角标记■，表示这是一个工具组，单击小三角的工具图标，并按住鼠标不放，可弹出其中隐藏的工具组，如图 20-2 所示。将鼠标指针指向工具箱中的工具按钮，将会出现一个工具名称的注释，注释括号中的字母是对应此工具的快捷键，如图 20-3 所示。

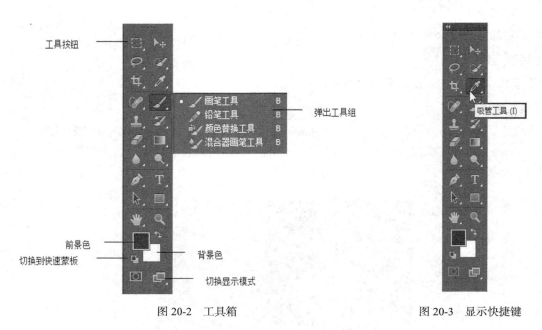

工具按钮

画笔工具 B
铅笔工具 B
颜色替换工具 B
混合器画笔工具 B

弹出工具组

吸管工具 (I)

前景色
切换到快速蒙板
背景色
切换显示模式

图 20-2　工具箱　　　　　　　　图 20-3　显示快捷键

3．属性栏

Photoshop cs6 中大部分工具的属性设置显示在属性栏中，它位于菜单栏的下方。在工具箱中选择不同工具后，属性栏也会随着当前工具的改变而变化，用户可以很方便的利用它来设定该工具的各种属性。在工具箱中分别选择魔棒工具■和横排文字工具■后，属性栏分别显示如图 20-4 和图 20-5 所示的参数控制选项。

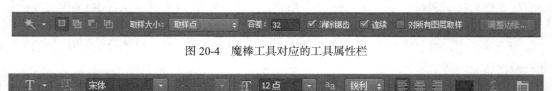

取样大小：取样点　　容差：32　✓消除锯齿　✓连续　□对所有图层取样　　调整边缘...

图 20-4　魔棒工具对应的工具属性栏

T · │ 宋体　　　▼ │ -T 12点　▼ aa 锐利 ▼ │ ═ ═ ═ │ │ 　

图 20-5　文本工具对应的工具属性栏

4．控制面板

控制面板是处理图像时另一个不可或缺的部分。Photoshop CS6 界面为用户提供了多个控制面板组。通过它可以选择颜色、编辑图层、新建通道、编辑路径和撤销编辑等操作。

Photoshop CS6 的面板与以前的版本有了很大的变化，选择【窗口】命令，可以选择需要打开的面板。打开的面板都依附在工作界面右边，效果如图 20-6 所示。单击面板右上方■可以将面板展开，如图 20-7 所示。如果要展开某个控制面板，可以直接单击其选项卡，相应的控制面板会自动弹出，如图 20-8 所示。

图 20-6　控制面板

图 20-7　展开的控制面板

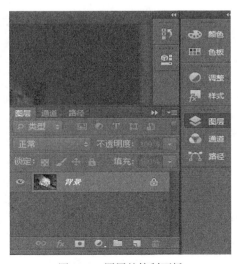

图 20-8　图层的控制面板

　　拆分控制面板：若需单独拆分出某个控制面板，可用光标选中该控制面板的选项卡并向工作区拖拽，如图 20-9 所示。选中的控制面板将被单独拆分出来，如图 20-10 所示。

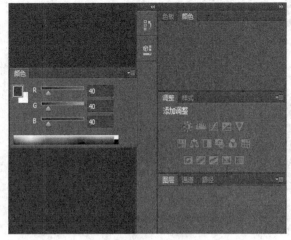

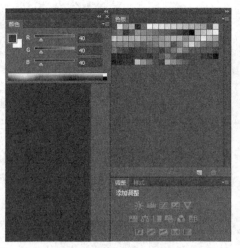

图 20-9　拖拽控制面板上的选项卡　　　　　　　　图 20-10　拆分出来的颜色控制面板

　　组合控制面板：可以根据需要将两个或多个控制面板组合到一个面板组中，以节省操作空间。要组合控制面板，可以选中外部控制面板的选项卡，按住鼠标左键将其拖拽到要组合的面板组中，面板组周围会出现蓝色的边框，如图 20-11 所示。此时释放鼠标，控制面板将被组合到面板中，如图 20-12 所示。

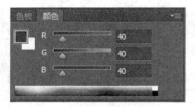

图 20-11　组合前的单独颜色控制面板　　　　　　图 20-12　组合后的控制面板组

　　控制面板弹出式菜单：单击控制面板右上角的图标，可以弹出控制面板的相关命令菜单，应用这些菜单可以提高控制面板的功能性，如图 20-13 所示。

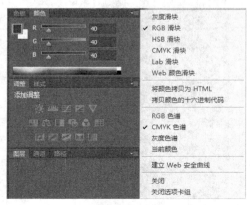

图 20-13　控制面板的弹出式菜单

隐藏与显示控制面板：按 Tab 键，可隐藏工具箱和控制面板；再按 Tab 键，可显示隐藏部分。按 Shift+Tab 组合键，可隐藏控制面板；再次按 Shift+Tab 组合键，可显示隐藏部分。

5．状态栏

打开一幅图像，其下方会出现该图像的状态栏，如图 20-14 所示。

状态栏的左侧显示为当前图像缩放显示的百分数，在显示比例区的文本框中输入数值可改变图像窗口的显示比例。

状态栏的中间显示当前图像的文件信息，单击三角形图标，在弹出的菜单中可以选择当前图像的相关信息，如图 20-15 所示。

图 20-14　状态栏

图 20-15　状态栏的弹出式菜单

【实验 20.2】Photoshop CS6 的文件操作

【实验内容】

（1）新建图像。

（2）打开图像。

（3）保存图像。

【实验步骤】

1．新建图像

在制作一幅图像文件之前，首先需要建立一个空白图像文件。执行【文件】|【新建】命令或按下 Ctrl+N 组合键，打开【新建】对话框，用户可以根据需要对新建图像文件的大小、分辨率、颜色模式和背景内容进行设置，如图 20-16 所示。

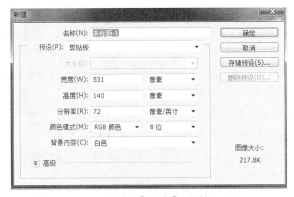

图 20-16　【新建】对话框

对话框中各选项的含义分别如下。

• 【名称】：用于设置新建文件的名称，为新建图像文件进行命名，默认为"未标题-X"。

• 【宽度】和【高度】：用于设置新建文件的宽度和高度，用户可以输入 1~300000 之间任意一个数值。

• 【分辨率】：用于设置图像的分辨率，其单位有像素/英寸和像素/厘米。

• 【颜色模式】：用于设置新建图像的颜色模式，其中有【位图】、【灰度】、【RGB 颜色】、【CMYK 颜色】和【Lab 颜色】5 种模式可供选择。

• 【背景内容】：用于设置新建图像的背景颜色，系统默认为白色，也可设置为背景色和透明色。

• 【高级】按钮：在【高级】选项区域中，用户可以对图像文件进行【颜色配置文件】和【像素长宽比】两个选项的设置。

2. 打开图片

根据不同情况打开图片文件以下 3 种方法。

方法 1：选择【文件】|【打开】命令或按 Ctrl+O 组合键，在弹出的【打开】对话框中选择需要打开的文件名及文件格式，如图 20-17 所示。然后单击【打开】按钮，就可以打开存在的图像文件。

图 20-17　【打开】对话框

方法 2：选择【文件】|【打开为】命令，可以在指定被选取文件的图像格式后，将文件打开。

方法 3：选择【文件】|【最近打开文件】命令，可以打开最近编辑过的图像文件。

3. 保存文件

当完成一幅图像的编辑后，就应该及时将图像保存起来，以防止因为停电或死机等意外而前功尽弃。保存文件步骤如下。

（1）选择【文件】|【存储】命令，打开【存储为】对话框，单击【保存在】右侧的三角形按钮，在打开的下拉列表框中选择一个存储路径，如图 20-18 所示。

（2）在【文件名】中输入文件名称，然后单击【格式】左侧的三角形按钮，在其下拉列表框中选择文件格式，如图 20-19 所示。

（3）单击 保存(S) 按钮，就可以保存绘制完成的文件了，以后按照保存的文件名称及路径就可以打开此文件。

图 20-18　【储存为】对话框

图 20-19　设置文件名称及格式

　对于已经保存过的图像，重新编辑后选择【文件】|【存储】命令或按下 Ctrl+S 组合键，将不再打开【存储为】对话框，而直接覆盖原文件进行保存。

【实验 20.3】图像的基本操作

【实验内容】

（1）图像文件的调整。

（2）擦除图像。

（3）修饰图像。

（4）还原和重做操作。

（5）图层。

【实验步骤】

1. 图像文件的调整

（提示：建议操作实验之前，先把被操作的图像文件备份后再进行操作）

（1）查看图像文件信息。选择【文件】|【打开】命令，打开名为"八仙花"的图片文件，将鼠标指针移动到当前图像窗口底端的文档状态栏中，按住鼠标左键不放，即可显示当前文件的宽度、高度、分辨率等信息，如图 20-20 所示。

（2）放大显示图像。选择【缩放】工具，在图像中变为放大图标，每单击一次，图像就会放大一倍。当图像以 100%的比例显示时，在图像窗口中单击一次，图像则以 200%的比例显示，效果如图 20-21 所示。按 Ctrl++组合键可逐次放大图。例如，从 100%的显示比例放大到 200%、300%、400%。

（3）缩小显示图像。方法 1：选择【缩放】工具，在图像中光标变为放大工具图标。按住 Alt 键不放，光标变为缩小工具图标。每单击一次，图像将缩小显示一级，缩小后的效果如图 20-22 所示。

图 20-20　显示图像文件信息　　　　　　　图 20-21　100%比例显示图像

方法 2：也可以在缩放工具属性栏中单击缩小工具按钮，如图 20-23 所示，将光标变为缩小工具图标。每单击一次鼠标，图像将缩小显示一级。

图 20-22　缩小比例显示图像

图 20-23　缩放工具属性栏

（4）调整画布大小。画布大小是指图像周围工作空间的大小。选择【图像】|【画布大小】命令，打开【画布大小】对话框，如图 20-24 所示。

- 在【定位】栏中单击箭头指示按钮，以确定画布扩展方向。
- 在【新建大小】栏中输入新的宽度和高度，假设高度 35 厘米，宽度 35 厘米。
- 在【画布扩展颜色】下拉列表中可以选择画布的扩展颜色（当再扩展画布时所显示的颜色），或单击右方的颜色按钮，打开【选择画布扩展颜色】对话框，设置可修改画布的大小，如图 20-25 所示。

图 20-24　【画布大小】对话框　　　　　　图 20-25　修改画布大小

（5）移动与复制图像。移动图像：移动图像分为整体移动和局部移动两种，整体移动就是将当前工作图层上的图像从一个地方移动到另一个地方，而局部移动就是对图像中的部分图像进行移动。

练习：移动选择的图像

步骤 1：打开"八仙花"图像文件，确定图像层未被锁定，如图 20-26 所示。（如果锁定，需要在【图层面板】中"背景"图层上单击鼠标右键，选择【复制图层】生成"背景副本"，在"背景"图层上单击鼠标右键，选择【删除】，删除"背景"图层。然后双击"背景副本"，把图层名称更改为"背景"，完成解锁操作）

步骤 2：选择工具箱中的【移动】工具 ，将图像拖到需要的位置即可，如图 20-27 所示。

图 20-26　打开图像文件　　　　　　图 20-27　移动图像文件

步骤 3：使用【套索】工具 在八仙花图像周围绘制选区，按下 Ctrl+Enter 组合键转换为选区后，按下 Ctrl+J 组合键复制选区中的图像，再使用移动工具移动该图像，如图 20-28 所示。

复制图像：复制图像可以方便用户快捷的制作出相同的图像，用户可以将图像中的图层、图层蒙版和通道等都复制过来。

练习：复制选择的图像

步骤 1：选择【图像】|【复制】命令，打开【复制图像】对话框，如图 20-29 所示。

图 20-28　移动图像

图 20-29　【复制图像】对话框

　　步骤 2：设置好图像的文件名称后单击【确定】按钮，即可得到复制的副本图像文件，如图 20-30 所示。

图 20-30　复制的文件

　　（6）裁剪并删除图像。使用【裁剪】工具 ![裁剪] 可以将多余部分图像裁剪掉，从而得到需要的那部分图像。使用裁剪工具在图像中拖动将绘制出一个矩形区域，矩形区域内部代表裁剪后图像保留部分，矩形区域外的部分将被删除掉。

练习：裁剪图像

步骤 1：打开"八仙花"图像文件，选择裁剪工具🔲，在图像中拖动绘制出一个裁剪矩形区域，如图 20-31 所示。

步骤 2：将鼠标移动到裁剪矩形框的右方中点上，当其变为旋转箭头时拖动鼠标旋转裁剪矩形框，得到画面旋转效果，如图 20-32 所示。

步骤 3：按下 Enter 键，或单击工具属性栏中的【提交】按钮✔进行确定，修正后的图片效果如图 20-33 所示。

图 20-31   打开图像

图 20-32   绘制剪裁区域

图 20-33   修正后的图片

2. 擦除图像

【橡皮擦】工具🖊主要用于来擦除当前图像中的颜色。选择橡皮擦工具后，可以在图像中拖动鼠标，根据画笔形状对图像进行擦除。橡皮擦工具属性栏如图 20-34 所示。

图 20-34   橡皮擦工具属性栏

模式：单击其右侧的三角按钮，在下拉列表中可以选择 3 种擦除模式：画笔、铅笔和块。

不透明度：设置参数可以直接改变擦除时图像的透明度。

流量：数值越小，擦除图像的时候画笔压力越小，擦除的图像将透明显示。

抹到历史记录：选中此选框，可以将图像擦除至【历史记录】面板中的恢复点外的图像效果。

练习：擦除图像

步骤 1：打开"企鹅"图像，选择【橡皮擦】工具🖊，再设置工具栏中的背景色为"白色"，如图 20-35 所示。

步骤 2：在属性栏中单击【橡皮擦】旁边的三角形按钮，在打开的面板中选择【柔角】样式，再设置橡皮擦大小，如图 20-36 所示。

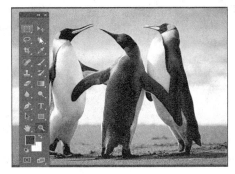
图 20-35   打开图像

图 20-36   选择橡皮擦

步骤 3：在图像窗口中拖动鼠标擦除背景图像，擦除图像呈现背景色，如图 20-37 所示。

步骤 4：打开【窗口】|【历史记录】切换到历史记录面板中，单击原图文件，即可回到图像原始状态，如图 20-38 所示。

图 20-37　擦除效果

图 20-38　返回原始状态

步骤 5：在图层面板中双击【背景】图层，在弹出的提示对话框中单击【确定】按钮，将其转换为普通图层，如图 20-39 所示。

步骤 6：选择【橡皮擦】工具，在属性栏中选择柔角画笔样式，然后在图像中拖动，擦除背景，得到透明的背景效果。如图 20-40 所示。

图 20-39　转换背景图层为普通图层

图 20-40　擦除背景图层

3. 修饰图像

（1）修补工具。选择【修补】工具 ，或反复按 Shift+J 组合键，其属性栏状态如图 20-41 所示。

图 20-41　修补工具属性栏

- 【新选区】 ：去除旧选区，绘制新选区。
- 【添加到选区】 ：在原有选区上再增加新的选区。
- 【从选区减去】 ：在原有选区上减去新选区的部分。
- 【与选区交叉】 ：选择新旧选区重叠的部分。

练习：使用修补工具清除图片中的污渍

步骤 1：打开"琴键"图像，用【修补】工具 圈选图像中键上的污渍，如图 20-42 所示。

步骤 2：选择【修补】工具属性栏中的【源】选项，在选区中单击并按住鼠标不放，将选区中的图像拖拽到相应的位置，如图 20-43 所示。释放鼠标，选区中的污渍被新放置的选区位置的图像所修补，效果如图 20-44 所示。

步骤 3：按 Ctrl+D 组合键取消选区，效果如图 20-45 所示。

图 20-42   选择修补选区

图 20-43   拖拽修补选区

图 20-44   拖拽后的选区

图 20-45   取消选区

（2）使用【污点修复画笔】工具清除图像中的污点。【污点修复画笔】工具 可以移去图像中的污点。其属性栏如图 20-46 所示。

图 20-46   污点修复画笔工具属性栏

- 【画笔】：与画笔工具属性栏对应的选项一样，用来设置画笔的大小和样式等。
- 【模式】：用于设置绘制后生成图像与底色之间的混合模型。
- 【类型】：用于设置恢复图像区域修复过程中采用的修复类型，选中【近似匹配】按钮后，将使用要修复区域周围的像素来修复图像；选中【创建】纹理按钮，将使用被修复图像区域中的像素来创建修复纹理，并使纹理与周围纹理相协调。
- 【对所有图层取样】：选中该复选框将从所有可见图层中对数据进行取样。

练习：使用【污点修复画笔】工具修复图像

步骤：在"琴键"图像中，选择【污点修复画笔】工具后 如图 20-47 所示，在琴键上的污渍上单击或拖动，即可自动的对图像进行修复，如图 20-48 所示。

（3）修复画笔工具。选择【修复画笔】工具 ，或反复按 Shift+J 组合键，其属性栏状态如图 20-49 所示。

图 20-47　原图像

图 20-48　修复图像

图 20-49　修复画笔工具属性栏

练习：使用【修复画笔】工具修复图像

步骤 1：打开"彩妆"图像文件，单击【画笔】选项右侧的按钮，在弹出的【画笔】面板中设置画笔的直径、硬度、间距、角度、圆度和压力大小，如图 20-50 所示。

步骤 2：使用圆型鼠标区域，按住 Alt 键，在破损外区域取样，然后利用【修复画笔】工具修复照片，修复过程如图 20-51～图 20-53 所示。

步骤 3：存储此图像，图像名不变。

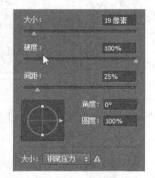

图 20-50　画笔面板

图 20-51　图像修复过程 1

图 20-52　图像修复过程 2

图 20-53　图像修复过程 3

4. 还原与重做操作

方法 1：通过菜单命令操作：

当用户在绘制图像时，常常需要进行反复的修改才能得到很好的效果，在操作过程中肯定会遇到撤销之前的步骤重新操作，这时可以通过下面的方法来撤销错误操作。

- 选择【编辑】|【还原】命令可以撤销最近一次进行的操作。
- 选择【编辑】|【前进一步】命令可以向前重做一步操作。
- 选择【编辑】|【后退一步】命令可以向后重做一步操作。

方法 2：使用【历史记录】面板操作：

当用户使用了其他工具在图像上进行误操作后，可以使用【历史记录】面板来还原图像。

【历史记录】面板用来记录对图像所进行的操作步骤，并可以帮助用户恢复到【历史记录】面板中显示的任意操作状态。

练习：使用【历史记录】面板

步骤 1：打开"彩妆"图像文件，选择【窗口】|【历史记录】面板，如图 20-54 所示。

步骤 2：选择【直横排文字】工具 **T** 在图像中输入文字，可以看到在【历史记录】面板中已经有了输入文字的记录，在文字工具属性状态栏中设置字体为"华文琥珀"及字体的大小和颜色，如图 20-55、图 20-56 所示。

图 20-54　打开图像

图 20-55　输入文字

图 20-56　文字工具属性栏设置

步骤 3：将鼠标指针移动到【历史记录】面板中，单击操作的第一步，即可回到打开文件的步骤，如图 20-57 所示，可以将图像回到没有输入文字的效果，如图 20-58 所示。

图 20-57　单击操作步骤

图 20-58　还原图像

步骤 4：单击【图层】面板，选择【图层】|【合并可见图层】，如图 20-59 所示，把文字和图像合并为一个图层，如图 20-60 所示。

图 20-59　单击操作步骤

图 20-60　还原图像

方法 3：通过组合键操作

当用户在绘制图像时，除了可以使用菜单和【历史记录】面板进行还原与重做操作外，也可以使用组合键进行操作。（提示：组合键方式，必须在英文输入法时操作）

- 按下 Ctrl+Z 组合键可以撤销最近一次进行的操作。再次按下 Ctrl+Z 组合键又可以重做被撤销的操作。
- 按下 Alt+Ctrl+Z 组合键可以向前撤销一步操作。
- 按下 Shift+Ctrl+Z 组合键可以向后重做一步操作。

5. 图层

（1）新建图层。以"彩妆"图像文件为例，单击【图层】面板底部的【创建新图层】按钮，可以快速创建具有默认名称的新图层，图层一次为"图层 1、图层 2、图层 3……"，由于新建的图层没有像素，所以呈透明显示，如图 20-61、图 20-62 所示。

图 20-61　创建图层前

图 20-62　新建图层 1

（2）复制图层。选择【图层 1】，选择【图层】|【复制图层】命令，打开【复制图层】对话框，如图 20-63 所示，单击【确定】按钮即可得到复制到复制的"图层 1 副本"，如图 20-64 所示。

图 20-63　【复制图层】对话框

图 20-64　得到复制的图层

（3）删除图层。对于不需要的图层，用户可以使用菜单删除图层或通过【图层】面板删除图层，删除图层后该图层中的图像也将被删除。如图 20-65、图 20-66 所示。

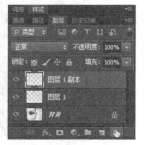

图 20-65　图层删除按钮显示

图 20-66　图层删除后

（4）合并图层。以上述"彩妆"图像为例，单击【矩形选框】工具▣，在"彩妆"图像文字上划一个矩形区域，如图 20-67 所示。单击【背景】图层，按 Ctrl+C 组合键复制文字区域，单击【图层 1】按 Ctrl+V 组合键粘贴文字区域到图层 1 中，如图 20-68 所示。然后使用移动工具移动图像中的【彩妆】文字，效果如图 20-69 所示。最后单击【图层】|【合并可见图层】，存储"彩妆"图像。

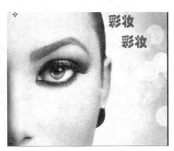

　　图 20-67　选定区域　　　　　　图 20-68　复制文字到图层 1　　　　　图 20-69　移动文字

【实验 20.4】综合案例 1——修复图像

【实验内容】

（1）修复人物照片中的红眼。

（2）修复人物脸部斑纹。

【实验步骤】

修复人物的图像。

1．修复人物照片中的红眼

（1）按 Ctrl+O 组合键，打开"人物 1"图像文件，如图 20-70 所示。选择【缩放】工具🔍，在图像窗口中光标变为放大工具图标🔍，单击将图像放大，效果如图 20-71 所示。

（2）选择【修复画笔工具】|【红眼】工具，在人物眼睛上的红色区域单击，去除红眼，效果如图 20-72 所示。

　　图 20-70　打开文件　　　　　　图 20-71　图像放大　　　　　　　图 20-72　去除红眼

2．修复人物脸部斑纹

（1）选择【仿制图章】工具🖱，在属性栏中单击【画笔】选项右侧的按钮▾，弹出画笔选择面板，在面板中选择需要的画笔形状，将【大小】选项设为 35 像素，如图 20-73 所示。将仿制图章工具放在脸部需要取样的位置，按住 Alt 键，光标变为圆形十字图标，如图 20-74 所示，单击确定取样点。将光标放置在需要修复的斑纹上，单击去掉斑纹。用相同方法去除人物脸部的所有斑纹，效果如图 20-75 所示。

图 20-73 画笔形状　　　　图 20-74 取样　　　　图 20-75 去除斑纹

（2）选择【缩放】工具，在图像窗口中单击将图像放大，效果如图 20-76 所示。选择【污点修复画笔】工具，单击【画笔】选项右侧的按钮，弹出画笔选择面板，在面板中进行设置，如图 20-77 所示。在图片破损处单击，如图 20-78 所示，破损被清除。用相同的方法清除其他图片破损处，人物照片效果修复完成，如图 20-79 所示。

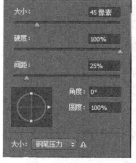

图 20-76 放大图像　　　　　　　　　图 20-77 设置画笔面板

图 20-78 清除破损　　　　　　　　　图 20-79 修复后

【实验 20.5】综合案例 2——制作一寸证件照

【实验内容】

（1）使用剪裁工具裁切照片。

（2）使用钢笔工具绘制文物轮廓。

（3）使用曲线命令调整的色调。

【实验步骤】

制作人物的图像。

（1）选择【文件】|【打开】命令，打开"人物 2"图像，如图 20-80 所示。

（2）选择【裁剪】工具■，按照一寸相片的标准裁剪相片。单击【裁剪】属性工具栏中■图标右侧的■图标如图 20-81 所示，打开【裁剪图像大小和分辨率】对话框，然后设置宽度（25.4毫米）、高度（36.2 毫米）、分辨率（300 像素/英寸），如图 20-82 所示，设置后单击【确定】按钮。

图 20-80　打开"人物 2"-

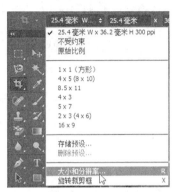

图 20-81　设置画笔面板

图 20-82　设置【裁剪图像大小和分辨率】

（3）然后缩小裁剪框，框选"人物 2"的头部与肩膀，如图 20-83 所示。完成调整后按 Enter键确定裁剪，如图 20-84 所示。裁剪后的照片会变得很小，使用【缩放】工具■，在图像窗口中光标变为放大工具图标■，单击将图像放大，如图 20-85 所示。

图 20-83　框选"人物 2"头部

图 20-84　确定裁剪

图 20-85　放大图像

（4）选择【窗口】|【调整】命令，单击右侧【调整】面板中的【色阶】按钮新增一个色阶调整图层，如图 20-86 所示。设置【色阶】面板中【预设】为【增强对比度 2】，如图 20-87 所示。

图 20-86　选择【色阶】

图 20-87　设置【预设】

（5）单击右侧【调整】面板中的新增一个曲线调整图层，使用曲线命令调整色调，如图 20-88、图 20-89 所示。

图 20-88　选择【曲线】

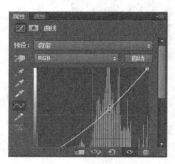

图 20-89　调整【曲线】

（6）选择右侧【图层】面板图标，单击新增一个图层，用于修复操作。选择【污点修复画笔】工具，设置合适的工具属性，如图 20-90、图 20-91 所示。放大图像，轻点工具图标，去除人物眼角的皱纹，如图 20-92 所示。

图 20-90　选择【污点修复】

图 20-91　设置【污点修复工具】属性

图 20-92　去除皱纹后

（7）把【图层】面板中的多个图层拼合起来，选择【图层】|【拼合图像】命令，如图 20-93、图 20-94 所示。

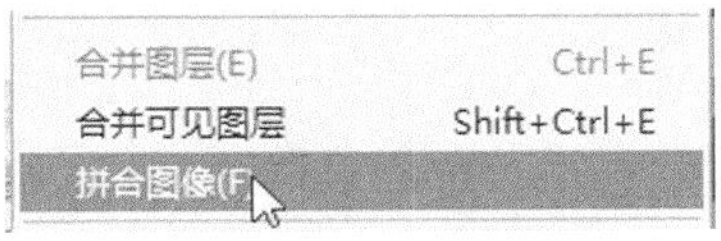

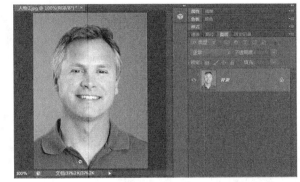

图 20-93　拼合图像

图 20-94　拼合后的图像

（8）选择【魔棒】工具 ，单击头像以外的蓝色区域，如图 20-95 所示。选择【前景色】图标选择"红色"，按 Alt+Delete 组合键填充红色背景，如图 20-96 所示，然后单击图像以外的区域取消选择。

图 20-95　魔棒工具

图 20-96　替换蓝色背景为红色

（9）缩小图像，选择【图像】|【画布大小】命令，选择【相对】复选框，修改单位为"毫米"、

宽度为"1.5毫米"、高度也为"1.5毫米"，【画布扩展颜色】为"白色"，如图20-97、图20-98所示。

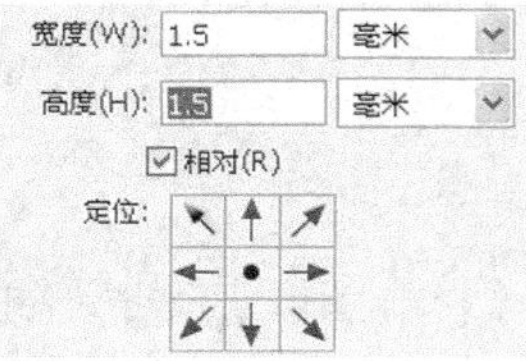

图 20-97 设置白色画布

图 20-98 设置画布后

（10）按 Ctrl+A 组合键，全选图片，然后选择【编辑】|【定义图案】命令，打开【图案名称】对话框后，输入名称为"一寸照"，如图20-99、图20-100所示。

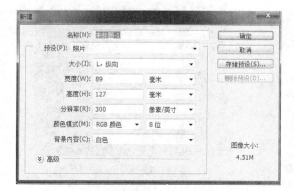

图 20-99 全选

图 20-100 定义图案

（11）选择【文件】|【新建】命令，选择预设为【照片】，大小为【L，纵向】，单击【确定】按钮，如图20-101、图20-102所示。

图 20-101 【新建】对话框

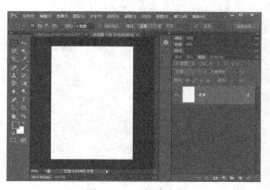

图 20-102 新建文件

（12）选择【编辑】|【填充】命令，打开【填充】对话框，内容选择【图案】填充，自定图案选择定义好的一寸照图案，完成后单击【确定】按钮，如图 20-103～图 20-105 所示。

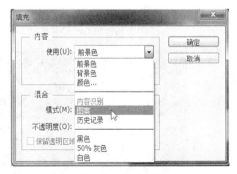

图 20-103　填充图案

图 20-104　自定图案

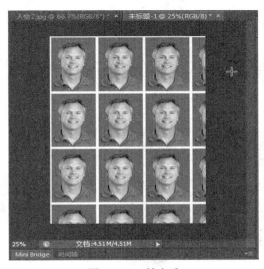

图 20-105　填充后

（13）将填充不全的图像清除掉，选择矩形选框工具 ，进入【添加到选区】模式，将不全的图像框选起来，如图 20-106、图 20-107 所示。

图 20-106　添加到选区

图 20-107　框选

（14）设置【前景色】为"白色"，按 Alt+Delete 组合键填充，如图 20-108 所示。执行菜单中【选择】|【反向】命令，反向选区，如图 20-109 所示。将【背景】颜色设置为白色，如图 20-110 所示。然后选择【移动】工具 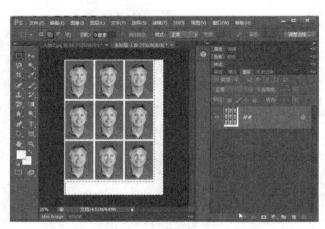，将照片部分移动到中间位置，如图 20-111 所示。完成后，单击【选择】|【取消选择】命令。

图 20-108　填充前景色

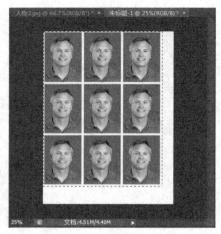
图 20-109　反向

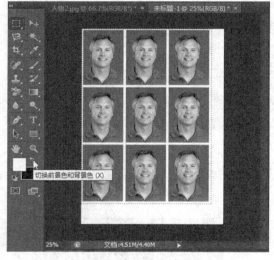
图 20-110　交换背景颜色

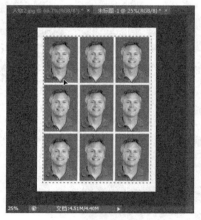
图 20-111　移动选取

（15）最后执行【文件】|【存储】命令，保存名为"一寸照"的图像文件，格式为"JPEG"格式，打印输出。

四、能力测试

（1）使用照相器材(手机、相机均可)，拍摄背景色单一的本人照片，使用 Photoshop CS6 设计自己的小二寸（小二寸规格可参考：4.8×3.3cm）照片图像，（要求：背景色为蓝色，一版六张）。

（2）制作"我爱我家"照片模板，参考效果如图 20-112 所示。

图 20-112　"我爱我家"照片模板

Photoshop CS6 图像处理的综合实例

一、预备知识

Adobe Photoshop CS6 高级技巧、新功能。

1. 主界面

颜色主题：用户可以自行选择界面的颜色主题，暗灰色的主题使界面更显专业，如图 21-1 所示。

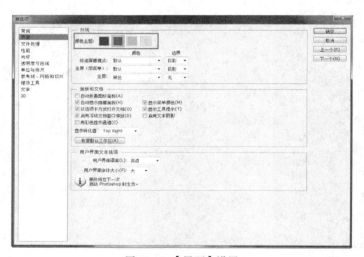

图 21-1   【界面】设置

上下文提示：在绘制或调整选区或路径等矢量对象，以及调整画笔的大小、硬度、不透明度时，将显示相应的提示信息，如图 21-2 所示。

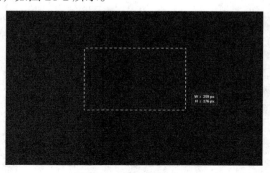

图 21-2   提示信息

文本阴影：该功能只对工具选项栏中的文字以及标尺上的数字有效，而且只有在亮灰色的颜色主题时才比较明显。需要指出的是，所加的文字阴影并不是黑色的，而是白色的，相当于黑色的文字加上了一个白色的阴影，总体感觉刺眼，建议关闭，具体设置如图 21-3 所示。

图 21-3　文本阴影设置

新菜单：清理了旧版中主菜单右侧的一些按钮后，主界面更显整洁。新旧界面的对比如图 21-4 所示。

图 21-4　新旧界面对比

2.　文件自动备份

这一功能可以说是激动人心的功能之一。该功能的有关细节情况如下。

① 后台保存，不影响前台的正常操作。

② 保存位置，在第一个暂存盘目录中将自动创建一个 PSAutoRecover 文件夹，备份文件便保存在此文件夹中。具体设置如图 21-5 所示。

③ 当前文件正常关闭时将自动删除相应的备份文件；当前文件非正常关闭时备份文件将会保留，并在下一次启动 PS 后自动打开。

3.　图层的改进

图层组的内涵发生了质的变化，图层组在概念上不再只是一个容器，具有了普通图层的意义。旧版中的图层组只能设置混合模式和不透明度，新版中的图层组可以象普通图层一样设置样式、填充不透明度、混合颜色带以及其他高级混合选项。新旧版双击图层组打开的设置面板对比如图 21-6 所示。

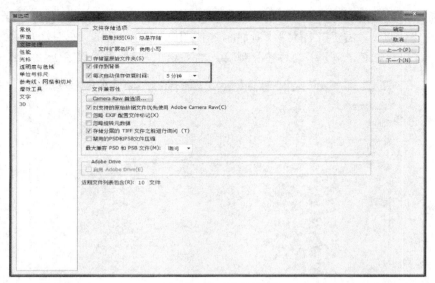

图 21-5　自动备份设置

图 21-6　图层组

图 21-7　图层调板

　　旧版中，面板中图层效果的排列顺序与实际应用效果的排列顺序有所不同（光泽）。新版中各效果的排列顺序与旧版相比有较大不同，而且图层样式面板中效果的排列顺序与图层调板中实际的排列顺序完全一致。图层调板中新增了图层过滤器与此对应，选择菜单中增加了"查找图层"命令，本质上就是根据图层的名称来过滤图层。图层调板中各种类型图层缩略图有了较大改变，如图 21-7 所示。

4．插值方式

新增加了一种插值方式——自动两次立方，如图 21-8 所示。插值方式的控制机制进行了调整，如图 21-9 所示。PS 中有两处地方需要插值，一是调整图像大小，二是变换。旧版中调整图像大小的插值方法在"图像大小"对话框中进行选择，而变换中的插值方式则只能由首选项中的相应控件来控制。新版中，变换命令中的选项中也设置了插值方式的选择控件，而不再受制于首选项中的插值方式,如图 21-9 所示。　由于新版中新增了【透视裁切】工具，而透视裁切同样需要进行插值，因此，首选项中的插值方式事实上只影响该工具。从逻辑的角度来看，应该为透视裁切工具也增加一个插值方式的控件，然后将首选项中插值方法控件删除。

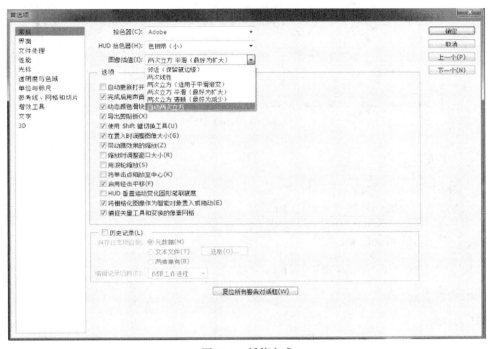

图 21-8　插值方式

图 21-9　插值方式控件

5．HUD 功能

CS4 中引入了 HUD 功能用来实时改变画笔类工具的大小和硬度，具体来讲，Alt 改变画笔大小，Shift 改变画笔的硬度。CS5 中引入了 HUD 拾色器，对按键分配进行了调整，Alt 水平移动改变画笔大小，垂直移动改变画笔硬度，Shift+Alt 弹出 HUD 拾色器。CS6 中又增加了垂直拖动默认改变画笔不透明度的功能，如果仍然需要保持旧版垂直拖动改变画笔硬度的功能，则可以通过首选项中的相关选项切换，如图 21-10 所示。

通过学习 Photoshop CS6 的技术，可以学习到通过图层、通道、蒙版、文字、路径、动作、混合模式、色彩、色调、滤镜进行局部精修、黑白老照片处理、非主流照片处理、婚纱照片设计处理、儿童照片设计处理、照片创意合成设计、照片文字创意设计、月历照片创意设计、网络照片创意设计、生活照片创意设计和平面广告创意设计等方面的知识。

图 21-10　HUD 功能

二、实验目的

（1）掌握 Photoshop CS6 操作方法完成综合实例。

（2）掌握设计简单广告作品的操作技巧。

三、实验内容及步骤

【实验 21.1】Photoshop CS6 贺卡设计

【实验内容】

制作圣诞贺卡。

【实验步骤】

（1）按 Ctrl+O 组合键，打开"制作圣诞贺卡素材"|"01"（文件），如图 21-11 所示。按 Ctrl+O 组合键，打开"02"文件，如图 21-12 所示。使用"椭圆型选框"工具，在图像中拖拽出一个圆形选区，效果如图 21-13 所示。

图 21-11　文件 01

图 21-12　文件 02

图 21-13　选取选区

（2）选择【移动】工具▶⊹，将选区中图像 01 移动到图像窗口中的适当位置，如图 21-14 所示。在【图层】控制面板中生成新的图层并将其命名为"图形"，如图 21-15 所示。

图 21-14　移动图片

图 21-15　更改图层名称

（3）按 Ctrl+O 组合键，打开"制作圣诞贺卡素材"｜"03"文件，如图 21-16 所示。选择【魔棒】工具✦，在属性栏中进行设置，如图 21-17 所示。在图像窗口中蓝色背景区域单击，图像周围生成选区，如图 21-18 所示。

图 21-16　"03"文件

图 21-17　魔棒工具栏属性

图 21-18　生成选区

（4）按 Ctrl+Shift+I 组合键，将选区反选。选择【移动】工具▶⊹，将选区中的图像拖拽到 01 文件窗口中的适当位置，如图 21-19 所示。在【图层】控制面板中生成新图层并将其命名为"装饰 1"，如图 21-20 所示。

图 21-19　移动选区

图 21-20　更改图层名称

（5）按 Ctrl+O 组合键，打开"制作圣诞贺卡素材"|"04"文件，如图 21-21 所示。选择【魔棒】工具，在属性栏中进行设置，如图 21-22 所示。在图像窗口中白色背景区域单击，图像周围生成选区，如图 21-23 所示。

图 21-21　文件 04

图 21-22　魔棒工具栏属性

图 21-23　生成选区

（6）按 Ctrl+Shift+I 组合键，将选区反选。选择【移动】工具，将选区中的图像拖拽到 01 文件窗口中的适当位置，如图 21-24 所示。在【图层】控制面板中生成新图层并将其命名为"装饰 2"，如图 21-25 所示。

图 21-24　移动选区

图 21-25　更改图层名称

（7）按 Ctrl+O 组合键，打开"制作圣诞贺卡素材"｜"05"文件，如图 21-26 所示。选择【磁性套索】工具，在图像窗口中沿着圣诞树边缘拖拽绘制选区，效果如图 21-27 所示。

图 21-26　文件 05

图 21-27　绘制选区

（8）选择【移动】工具，将选区中的图像拖拽到"01"文件窗口中的适当位置，如图 21-28 所示。在【图层】控制面板中生成新图层并将其命名为"圣诞树"。选择【移动】属性工具栏中的【显示变换控件】把"圣诞树"变小，移动到适当位置，如图 21-29、图 21-30 所示。

图 21-28　移动选区

图 21-29　选中【显示变换控件】

（9）选择【图层】面板，单击【图层】|【合并可见图层】命令，将图层合并。如图 21-31 所示。

图 21-30　调整选区位置

图 21-31　合并图层

图 21-32　储存文件

（10）选择【文件】|【存储为】，为设计文件命名为"圣诞贺卡"，选择文件格式为"JPEG"，单击【保存】按钮，如图 21-32 所示。至此，圣诞贺卡制作完成。

【实验 21.2】Photoshop CS6 广告设计

【实验内容】

制作房地产广告。

【实验步骤】

（1）选择【文件】|【新建】命令，打开【新建】对话框，设置文件名称为"房地产广告"，宽度和高度为 20×27cm，分辨率为 150 像素/英寸，如图 21-33 所示。

（2）设置前景色为淡黄色，按下 Alt+Delete 组合键填充背景颜色，如图 21-34 所示。

图 21-33　新建文件

图 21-34　填充背景

（3）选择椭圆选框工具绘制一个圆形选区，在选区中右击，在弹出的菜单中选择【羽化】命令，打开【羽化选区】对话框，设置【羽化半径】为 15 像素，如图 21-35 所示。设置背景色为白色，然后按 Ctrl+Delete 组合键填充背景颜色，效果如图 21-36 所示。

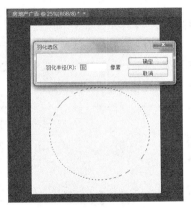

图 21-35　绘制选区

图 21-36　填充羽化选区

（4）打开"房地产广告素材"中的"海螺"文件，使用移动工具将其移动到当前编辑的图像中，按下 Ctrl+T 组合键旋转图像，得到效果如图 21-37 所示。

（5）在【图层】面板中设置图层混合模式为"正片叠底"，如图 21-38 所示。

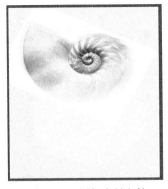

图 21-37　添加素材文件

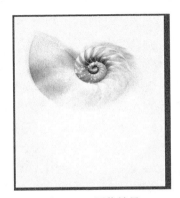

图 21-38　图像效果

（6）按下 Ctrl+J 组合键复制"图层 1"，得到"图层 1 副本"，再设置图层混合模式为"颜色加深"，不透明度为 50%，如图 21-39 所示。

（7）打开"楼房"文件，使用移动工具将其移动到当前编辑图像中，放到如图 21-40 所示的位置，这时【图层】面板中自动生成"图层 2"。

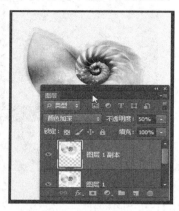

图 21-39　设置图层属性

图 21-40　添加素材图像

（8）单击【图层】面板底部的【添加图层蒙版】按钮 ，然后确认前景色为黑色，使用画笔工具在楼房下方进行涂抹，隐藏部分图像，使其更好的与海螺图像融合，如图 21-41 所示。

（9）打开名称为"彩色"的文件，使用移动工具将其拖动到当前编辑的图像中，放到画面顶部，在【图层】面板中设置图层混合模式为"正片叠底"，如图 21-42 所示。

图 21-41　图像效果

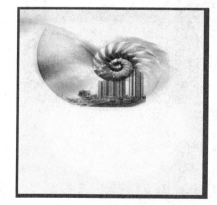

图 21-42　图像效果

（10）打开名称为"翅膀"的文件，使用移动工具将其拖动到当前编辑的图像中，放在如图 21-43 所示的位置，在【图层】面板中设置图层混合模式为"正片叠底"，将翅膀图像所在的图层的不透明度设置为 50%，然后按下 Ctrl+J 组合键复制一次对象，选择菜单【编辑】|【变换】|【水平翻转】命令，将翅膀图像放在如图 21-44 所示的位置。

（11）选择横排文字工具 ，在翅膀图像之间输入文字，并在属性栏中设置合适的字体，填充为黑色，如图 21-45 和图 21-46 所示。

（12）选择横排文字工具 ，输入电话号码、楼盘信息等文字内容，如图 21-47 所示。（文字提示：售楼中心：万花区净居街 118 号开发商：中国地产开发四川有限公司 建筑规划：四川省建筑设计院全程营销：中泽营销）

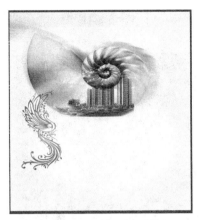

图 21-43　添加翅膀图像

图 21-44　复制对象

图 21-45　输入文字

图 21-46　输入文字

图 21-47　输入文字

图 21-48　添加花边图像

（13）打开名称为"花边"的文件，使用移动工具将其拖动到当前编辑的图像中，放在如图 21-48 所示的位置，在【图层】面板中设置图层混合模式为"正片叠底"，将花边图像所在的图层的不透明度设置为 50%，然后按下 Ctrl+J 组合键复制一次对象，选择菜单【编辑】|【变换】|【水平翻转】命令，将花边图像放在如图 21-49 所示的位置。

（14）选择【图层】面板，单击【图层】|【合并可见图层】命令，将图层合并，如图 21-50 所示。

图 21-49　复制花边

图 21-50　合并图层

（15）选择【文件】|【存储为】，为设计文件命名为"房地产广告"，选择文件格式为"JPEG"，单击【保存】按钮，如图 21-51 和图 21-52 所示。至此，房地产广告设计完成。

图 21-51　设计效果

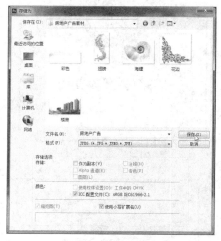

图 21-52　保存设计

四、能力测试

（1）通过给定的素材文件，设计关于"咖啡奶茶"的广告（要求：发挥设计想象空间，设计有个性的广告作品，可以附着广告语，不宜雷同）。

（2）自选题材，制作旅游海报或杂志封面。